W0254351

Teubner Studienskripten (TSS)

Mit der preiswerten Reihe **Teubner Studienskripten** werden dem Studenten ausgereifte Vorlesungsskripten zur Unterstützung des Studiums zur Verfügung gestellt. Die sorgfältigen Darstellungen, in Vorlesungen erprobt und bewährt, dienen der Einführung in das jeweilige Fachgebiet. Sie fassen das für das Fachstudium notwendige Präsenzwissen zusammen und ermöglichen es dem Studenten, die in den Vorlesungen erworbenen Kenntnisse zu festigen, zu vertiefen und weiterführende Literatur heranzuziehen. Für das fortschreitende Studium können **Teubner Studienskripten** als Repetitorien eingesetzt werden. Die auch zum Selbststudium geeigneten Veröffentlichungen dieser Reihe sollen darüber hinaus den in der Praxis Stehenden über neue Strömungen der einzelnen Fachrichtungen orientieren.

Grundgedanken der Lean Production

Von Dipl.-Ing. (FH) Dirk H. Traeger
Toplan GmbH, Sindelfingen

Springer Fachmedien Wiesbaden GmbH 1994

Die Deutsche Bibliothek - CIP-Einheitsaufnahme

Traeger, Dirk H.:
Grundgedanken der lean production / von Dirk H. Traeger. -
Stuttgart : Teubner, 1994
(Teubner-Studienskripten ; Bd. 147 : Management)

NE: GT

ISBN 978-3-519-06172-4 ISBN 978-3-663-12148-0 (eBook)
DOI 10.1007/978-3-663-12148-0

Ursprünglich erschienen bei B.G. Teubner Stuttgart 1994.

Besser als die Unwissenden sind die, die Bücher lesen;
besser als diese sind die, die das Gelesene behalten;
noch besser sind die, die es begreifen;
am besten sind die, die an die Arbeit gehen.

Fernöstliche Weisheit

Vorwort

Dieses Buch wird Kritik und Widerspruch auslösen. Das ist durchaus gut so, denn Widerspruch löst Denkprozesse aus, die meist zu besseren Lösungen führen. In einer sich ständig und immer schneller wandelnden Umwelt ist ein permanentes Überdenken aller Gegebenheiten - einschließlich derer, die bislang als sakrosankt galten - notwendig. Aktives, vorausschauendes und visionäres Denken ist mehr denn je gefragt.

Dieses Buch ist kein Ratgeber, keine Sammlung allgemeingültiger und problemlos anwendbarer Patentrezepte. Die jeweils optimale Lösung muß unternehmens- und betriebsspezifisch erarbeitet werden. So ist das Ziel dieses Buches das Zusammenstellen der Grundgedanken der Lean Production, auf denen aufbauend sich der Leser selbst Gedanken machen muß. Viele dieser Grundgedanken sind nicht neu, und die meisten stammen nicht von mir. Ich habe sie lediglich gesammelt, geprüft und strukturiert. Daneben enthält dieses Buch sehr wohl meine Ansichten (und Kommentare) und ich hoffe, der geneigte Leser verzeiht mir die eine oder andere impulsive Passage - so manchen Sachverhalt kann man jedoch nicht stark genug hervorheben.

So ist das Lean-Konzept eine komplette Produktions-Philosophie, wobei unwesentlich ist, ob es sich dabei um Waren, Dienstleistungen oder Verwaltungsarbeiten handelt. Es bedeutet ***nicht*** das Knebeln von Zulieferbetrieben, das Verlegen von Lagerbeständen auf die Straße oder die reihenweise Entlassung von Mitarbeitern.

Mein Dank gilt folgenden Firmen für die tatkräftige Unterstützung dieses Buchvorhabens:

BMW AG, München
HONDA Deutschland GmbH, Offenbach
HONDA of the UK Ltd., Swindon, Großbritannien
Mercedes-Benz AG, Stuttgart
MEWA Textil-Service AG, Wiesbaden
Nissan Motor Deutschland GmbH, Neuss
TOPLAN Unternehmensberatung GmbH, Sindelfingen
TOYOTA Deutschland GmbH, Köln
Toyota Motor Corporation, Toyota-cho, Japan

Besonderen Dank schulde ich Herrn Dr. Schlembach vom Verlag B.G. Teubner für die überaus gute Zusammenarbeit, konstruktive Kritik und die Initiative, die dieses Buchvorhaben überhaupt erst auslöste, sowie meiner Frau für die gesamten Schreib- und Layoutarbeiten.

Es würde mich sehr freuen, wenn der Leser mit Hilfe dieses Buches den einen oder anderen praktischen Ansatz übernehmen und umsetzen kann, oder besser, darauf aufbauend eigene neue Ansätze entwikkelt. Für Kritik und Anregungen, die zu einem besseren Buch führen, bin ich jederzeit aufgeschlossen und dankbar.

Magstadt, im Sommer 1994 Dirk H. Traeger

Inhaltsverzeichnis

1 Einleitung - Überblick, Geschichte und kulturelle Aspekte

Lean Production besitzt kein fernöstliches Geheimnis. Lean Production ist lediglich *ein* möglicher Weg, Produkte hoher Qualität in kleinen Stückzahlen schnell und effizient herzustellen - Produkte, die der Kunde wünscht und die seinen Anforderungen entsprechen. Die Methoden und Ansätze sind dabei problemlos auch auf Dienstleistungen und reine Verwaltungsaufgaben übertragbar. Hierbei ist der ganzheitliche Ansatz außerordentlich wichtig, Ziele und Gesamtsystem sind auch bei Detaillösungen nicht aus den Augen zu verlieren. Denken in Systemen, objektorientiertes, unternehmerisches Denken in *allen* Hierarchieebenen, nicht nur auf der Führungsebene ist dabei unverzichtbar. Der Mitarbeiter wird zum integralen Bestandteil des Produktions- und Denkprozesses, dessen Motivation und Befriedigung durch seine Arbeit stehen im Mittelpunkt. Dieser Ansatz beinhaltet nicht nur soziale, sondern auch rein wirtschaftliche Gesichtspunkte. Es ist kein Geheimnis, daß hochmotivierte, zufriedene Mitarbeiter weit mehr leisten und durch effiziente Leistung weit mehr zum Betriebsergebnis beitragen als ihre demotivierten, frustrierten Kollegen.

Die Lean Production ist gekennzeichnet durch einen durchgängigen unternehmerischen Ansatz, effiziente interdisziplinäre Zusammenarbeit und die konsequente Vermeidung jeglicher Art von Verschwendung. Entstanden ist sie aus purer Notwendigkeit im schwer angeschlagenen Nachkriegsjapan, wo der japanische Markt eine Vielzahl verschiedener Modelle in geringer Stückzahl und in hoher Qualität zu einem niedrigen Preis forderte. Traditionelle Handwerksproduktion und westliche Massenproduktion konnten nur einige dieser Anforderungen erfüllen, die sich auf den ersten Blick gegenseitig auszuschließen schienen. Mit dem neuen Ansatz gelang es Eiji Toyoda und Taiichi Ohno, die Vorteile beider Fertigungsverfahren effizient zu kombinieren (vgl. Womack/Jones/Roos: Die zweite Revolution in der Autoindustrie).

Dabei kam ihnen die japanische Mentalität entgegen. "Wenn die japanische Gesellschaft mit drei Eigenschaften beschrieben werden soll, dann sind dies vor allem Pragmatismus, Flexibilität und Selbstdisziplin", so Harald Wulff, Geschäftsführer der Nissan Motor Deutschland GmbH in seinem Vortrag an der FH Nürtingen/Geislingen am 08.01.1993. Japanisches Wirtschaften und japanische Industriepolitik seien vor allem gekennzeichnet durch "die Fähigkeit, langfristige Perspektiven und Zielsetzungen nicht nur zu erkennen, sondern auch zu verfolgen - ohne Rücksicht auf kurz- oder sogar mittelfristige Nachteile oder Durststrecken, die daraus zunächst einmal erwachsen mögen". Der Einführung von Gruppenarbeit bei einer flachen Hierarchie kam das japanische Gruppenbedürfnis und Harmoniestreben ebensosehr entgegen wie die Samuraimentalität der Führungskräfte, eine übertragene Aufgabe so gut und effizient wie nur möglich zu erledigen. Pflichterfüllung war und ist in Japan eine Selbstverständlichkeit, ist eine Frage persönlicher wie familiärer Ehre. Die Betriebe fungieren dabei quasi als "Ersatzfamilie". Darüber hinaus besitzen die Japaner dank ihrer pragmatischen Sichtweise die Fähigkeit, bahnbrechende Ergebnisse der Grundlagenforschung als solche zu erkennen und in marktgerechte Produkte umzusetzen. Erleichtert wird dies unter anderem durch die dem Harmoniebedürfnis erwachsende Politik der kleinen, gemeinsamen Schritte. Die Gruppe, die Gemeinschaft muß aus japanischer Sicht vorankommen, nicht einzelne Überflieger oder Individualisten. Im Falle eines Mißerfolges gibt es, so der Idealfall, keine Individualschuld, keine Schuldzuweisungen. Der betroffene Mitarbeiter weiß selbst, daß er verantwortlich ist und wird aus Scham und Pflichtgefühl alles daran setzen, die Scharte auszuwetzen. Die Gruppe unterstützt ihn hierbei, denn die anderen Gruppenmitglieder erinnern sich dabei an die Peinlichkeit eigener Fehler. Es ist nachweislich effizienter, Energie in die konkrete Problemlösung als in gegenseitige Schuldzuweisungen zu stecken.

Die einmalige Einsatzbereitschaft und der Leistungswillen japanischer Mitarbeiter wird von beiden Seiten als Gegenleistung für die Fürsorge des Unternehmens und die in vielen Großbetrieben realisierte lebenslange Beschäftigungsgarantie gesehen.

Durch diese Beschäftigungsgarantie entfällt die Angst der Mitarbeiter vor Rationalisierungsmaßnahmen. Diese werden unterstützt, da sie dem Wohl des Betriebes und somit dem Wohle aller dienen. Information und Konsultation aller Mitarbeiter bei wichtigen Vorhaben oder Veränderungen tragen zu Motivation, Konsens und Identifikation aller mit dem gefundenen Konsens bei. Dies wird jedoch mit einer langen Entscheidungsdauer und einer großen Anzahl von Details-Besprechungen erkauft.

Der erwähnte langwierige Entscheidungsprozeß, das strenge Senioritätsprinzip und das noch strengere Gruppendenken sind in dieser Form nicht auf westliche Verhältnisse übertragbar, die kulturellen Unterschiede und Besonderheiten sind dazu viel zu groß. Eine direkte Übertragung wäre auch nicht wünschenswert, denn Individualität, Innovationskraft und Genialität Einzelner sind gerade westliche Stärken. Diese sind nicht aufzugeben, sondern teamfähig zu machen.

Die Lean Production konnte sich aufgrund des (äußerst knapp) geschilderten japanischen Hintergrundes speziell dort gut entwickeln. Sie hat jedoch nichts typisch japanisches an sich und kann genausogut in westlichen Industrieländern angewendet werden, wie zum Beispiel erfolgreiche japanische Tochterunternehmen in den USA und Europa beweisen. Hierzu ist jedoch ein generelles Umdenken erforderlich, das jetzt bei vielen westlichen Betrieben bereits eingesetzt hat.

In den nachfolgenden Kapiteln sind die einzelnen Elemente der Lean Production dargestellt. Da die japanischen Begriffe mittlerweile etabliert sind, wurden diese statt einer deutschen Übersetzung verwendet. Diese Einzelelemente sind jedoch nicht isoliert zu betrachten, sondern müssen sich, dem japanischen Harmoniebedürfnis folgend, zu einem Ganzen fügen. So wurde für den Buchumschlag das japanische Schriftzeichen (kanji) für "nagare", dem natürlichen Fluß, dem alle Dinge und Lebewesen unterworfen sind und dem sie folgen sollten, verwendet. Ein natürlicher Fluß kann wohl am besten als Quintessenz der Lean Production betrachtet werden.

2 Kaizen

2.1 Einleitung

Kaizen ist der Prozeß der permanenten, schrittweisen Verbesserung durch alle, besonders durch die Mitarbeiter. Vorgänge und Abläufe werden schriftlich fixiert und als momentaner Standard betrachtet. Anschließend wird versucht, diesen Standard zu verbessern, und das verbesserte Ergebnis wird zum neuen Standard. Kaizen ist als geistige Einstellung zu betrachten. Hierbei wird davon ausgegangen, daß kein Vorgang, kein Ablauf so gut ist, als daß er nicht noch ein klein wenig verbessert werden könnte. Desweiteren wird davon ausgegangen, daß keine Verbesserung zu klein und unbedeutend ist, als daß sie nicht nutzbringend eingesetzt werden könnte, große Verbesserungen ergeben sich oftmals aus der Summe vieler kleiner.

Dies gilt so wohl uneingeschränkt für fernöstliche Betriebe. In der westlichen Hemisphäre ist besonders darauf zu achten, daß Verbesserungen effizient sind und sich rechnen. Das bedeutet nicht, daß Verbesserungen im Fernen Osten nicht effizient oder betriebswirtschaftlich sinnvoll sind. Sie müssen dort jedoch völlig anderen sozialen und psychologischen Gegebenheiten Rechnung tragen, die Prioritäten im Hinblick auf zu erwartende Einsparungen und Motivation für neue Verbesserungsvorschläge sind dort anders gesetzt. So wird auch ein Vorschlag, der nur sehr geringe Einsparungen erwarten läßt, aus Rücksicht auf den vorschlagenden Mitarbeiter umgesetzt. Es darf auch nicht übersehen werden, daß "Verbesserungen" als Sparmaßnahmen am falschen Ende sich oft in ihr Gegenteil verkehren, gepaart mit Enttäuschung und Frustration bei den Mitarbeitern. Kaizen an sich hat wie die gesamte Lean Production nichts rein japanisches an sich und ist universell einsetzbar. Kaizen ist vielmehr der Rahmen für eine permanente Verbesserung, die auf Verbesserungsvorschläge der Mitarbeiter "vor Ort" angewiesen ist.

Einer der geistigen Väter von Kaizen ist Masaaki Imai, der diesen Prozeß der ständigen Verbesserung durch die Mitarbeiter in seinem Buch ausführlich beschrieben hat (vgl. Imai: Kaizen, 1993). Ich werde hier seiner prägnanten Darstellung folgen und, entsprechend der Zielsetzung dieses Buches, in aller Kürze nur die wichtigsten Gedanken beschreiben.

Kaizen als Prinzip der permanenten Verbesserung in kleinen Schritten steht im Gegensatz zu den im Westen verbreiteten Innovationsschüben, es kann diese jedoch sehr gut unterstützen und ergänzen.

Die Idealvorstellung bei Innovationen geht davon aus, daß das durch einen Innovationsschub erreichte Qualitätsniveau quasi von allein gehalten wird. In der Praxis ist dies, besonders bei fehlenden Maßnahmen zur Sicherung des erreichten Qualitätsniveaus ("Standardisierungsmaßnahmen", s. Kapitel 2.3), nicht gegeben. Das Niveau sinkt, wenn niemand Arbeit und Energie investiert, es zu halten. Dies kann wohl in jedem Betrieb beobachtet werden. Innovationen sind zudem meist Sache einiger weniger Spezialisten.

Die Darstellung für Kaizen dagegen kann prinzipiell als beliebige Kurvenform mit tendenziell wachsendem Verlauf dargestellt werden. Besonders interessant ist die Kombination von Innovation und Kaizen, die die Vorteile beider verbindet, wobei Kaizen von jedem Mitarbeiter mit gesundem Menschenverstand ausgeübt werden kann.

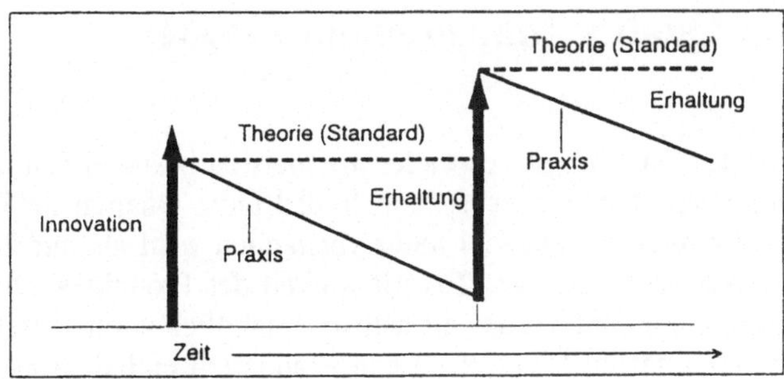

Abbildung 2.1-1: Innovation allein
Quelle: Masaaki Imai: Kaizen, Frankfurt/M. 1993

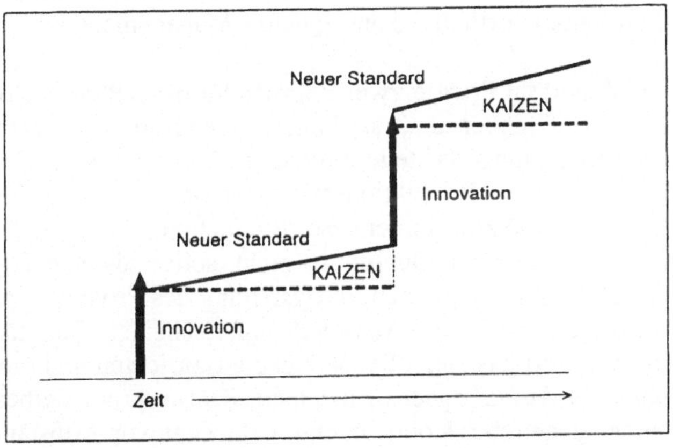

Abbildung 2.1-2: Innovation plus Kaizen
Quelle: Masaaki Imai: Kaizen, Frankfurt/M. 1993

2.2 Total Quality Control (TQC) Total Quality Management (TQM)

Definitionen der Qualität gibt es viele, die meisten besitzen fast philosophischen Charakter. Sicher ist jedoch, daß unter Qualität im Sinne der Lean Production sehr viel mehr verstanden wird als nur Fehlerfreiheit, Paßgenauigkeit oder Zuverlässigkeit des Produktes. Diese Arten der Produktqualität werden als selbstverständlich vorausgesetzt! Umfassende Qualität im Sinne der Lean Production enthält Aspekte wie den Erfülltheitsgrad der Anforderungen und Erwartungen des Kunden, Kundenzufriedenheit in *allen* Bereichen (Verkauf, Produkt, Service, ...), Qualität der Produktionsprozesse, Motivation und Zufriedenheit der Mitarbeiter, Firmenansehen und vieles mehr. *Alle* Teilaspekte müssen stimmen, und es ist Aufgabe des Managements und der Führungskräfte, für diese umfassende Qualität und die entsprechenden Rahmenbedingungen zu sorgen: Das Management ist für diese totale Qualität verantwortlich - Total Quality Management.

TQC und TQM sind im Prinzip zwei Begriffe für denselben Sachverhalt, wenn "Control" dabei nicht als kontrollieren/prüfen, sondern in seiner anderen Bedeutung als steuern/managen übersetzt wird. Qualität des Produktes und des Produktionsprozesses ist als oberstes Gebot zu sehen. Diese ist, wie alles in der Lean Production, vom ganzheitlichen Ansatz gekennzeichnet. Qualität ist nicht isoliert als eine Eigenschaft zu betrachten, die man nach Fertigstellung des Produktes prüft und dabei zwischen "gut" und "Ausschuß" unterscheidet. Qualität ist vielmehr das Ziel, auf das sich alle Bereiche auszurichten und hinzuarbeiten haben, ist Aufgabe jedes Einzelnen. Konstruktive Verbesserungsvorschläge gegenüber Kollegen und Aufdecken von Mißständen und Fehlern sind nicht als persönliche, negative Kritik, sondern als konstruktive Verbesserung zum Wohle der Firma und somit zum Wohle aller zu betrachten. Besonders das Management hat für Qualität (externe wie interne) zu sorgen und geeignete Maßnahmen zu ergreifen. Qualität ist jedoch gleichzeitig Aufgabe jedes Einzelnen.

In produzierenden Betrieben, die nach der Methode der Lean Production arbeiten, werden produzierte Teile fast ohne Zwischenlager weiterverarbeitet. Qualitätsfehler führen zu Problemen im Produktionsablauf bis hin zum Stillstand. Hieraus resultiert die Null-Fehler-Philosophie ("zero defect", ZD).

Es ist zu beachten, daß spezialisierte Zulieferer Teile und Baugruppen in höherer Qualität günstiger fertigen können als ein Unternehmen, das alle benötigten Teile selbst fertigt. Dem wird zwar teilweise durch die Bildung von Abteilungen mit eigener Kostenverantwortung Rechnung getragen (profit center), doch weist die Gesamtentwicklung eindeutig auf eine Verringerung der eigenen Fertigungstiefe hin. Die autarke, integrale Fertigung ist mittlerweile Geschichte. Bei Zulieferbetrieben jedoch ist nicht nur die Qualität der gelieferten Teile und deren Produktionsprozesse wichtig, sondern auch die Qualität der Beziehung zwischen Hersteller und Zulieferer.

Unter diesen und anderen Aspekten kann TQM auch sehr treffend als Abkürzung für **T**ime-**Q**uality-**M**oney betrachtet werden (vgl. hierzu Karl Kottmann (Hrsg.): Unternehmensqualität, Stuttgart 1993). Danach werden Durchlaufzeit/ Termintreue, Qualität der Produkte und Herstellungskosten (direkte wie indirekte) als wesentliche Merkmale der Produktqualität aufgefaßt, kurz: Zeit-Qualität-Kosten.

An dieser Stelle sei auch auf einige Mißverständnisse zu TQM im Hinblick auf die Qualitätsnormen DIN ISO 9000 ff. hingewiesen. Die Einführung einer umfassenden Qualitätssicherung nach den ISO-Normen einzig und allein einer Zertifizierung wegen ist zeitraubend, teuer und ineffizient. Vielmehr ist ein umfassendes (und effizient funktionierendes!) Qualitätsmanagement zu schaffen, das dem Betrieb wirklich "etwas bringt". Die Schaffung der entsprechenden Qualitätshandbücher und eine Zertifizierung geschehen dann im Anschluß fast nebenbei. Ebenso sei ausdrücklich vor zu detaillierten und vor allem zu starren Festlegungen gewarnt. Die Lean Production lebt von der Flexibilität, nicht von exakten, festen Strukturen und hochpräzisen Stellenbeschreibungen, ganz zu schweigen von dem damit verbundenen Verwaltungsaufwand. In fernöstlichen Betrieben, die nach und mit der Lean Production arbeiten, gibt es keine exakten Stellenbeschreibungen. Diese werden nur grob umrissen, es gibt keine fest und exakt abgegrenzten Bereiche, denn jeder ist nicht nur für seinen Bereich sondern auch für das Gesamte mitverantwortlich.

Ebenso birgt eine notwendige, zu aufwendige Eingangsprüfung von angelieferten Teilen Gefahren für das Just-in-Time-Konzept, nach dem die in der Produktion benötigten Teile vom Zulieferer relativ kurz vor deren Einbau geliefert werden. Eingangsprüfung muß auch in der Lean Production sein, doch muß sich der Zulieferer seiner Qualitätsverantwortung voll bewußt sein und den notwendigen Prüfungsaufwand damit beim Auftraggeber deutlich senken.

Eine umfangreiche Untersuchung aller gelieferten Teile auf "gut" oder "Ausschuß" ist nicht möglich. Auch Stichprobenuntersuchungen nach speziellen Statistiken geben keinen wirklichen Aufschluß über die wahre Qualität der einzelnen Teile. Der Wareneingang muß sich deshalb auf hohe Qualität (und eine Ausschußrate von nahezu Null!) verlassen können. TQM hat dies sicherzustellen (siehe hierzu auch Kapitel 7).

Zum Abschluß: Qualität und Zuverlässigkeit müssen zuverlässig und nachvollziehbar geprüft werden, sie sind Kernpunkte der Lean Production. Ebenso ist die Fixierung und Standardisierung aller relevanten Vorgänge außerordentlich wichtig. Der Gesamtbetrieb darf dadurch jedoch nicht an Flexibilität verlieren!

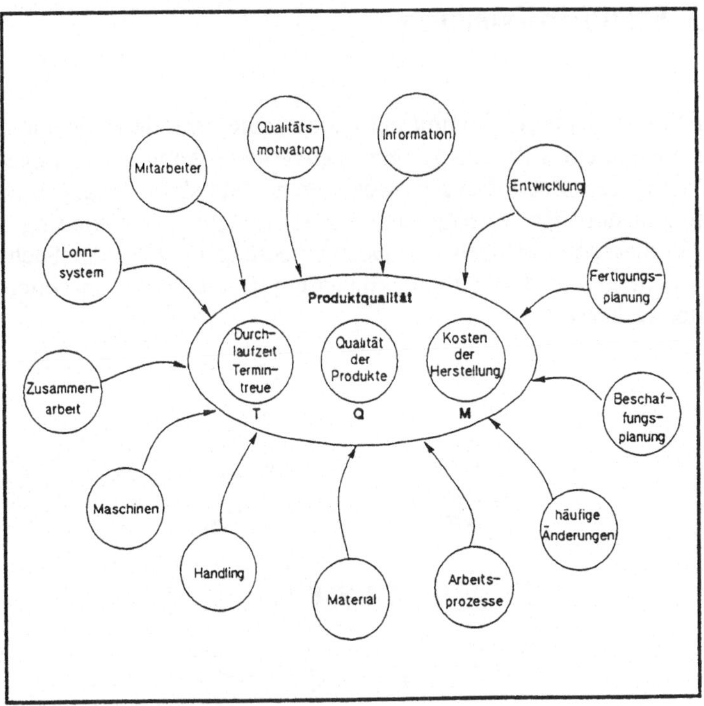

Abbildung 2.2-1: Einflußgrößen auf die Produktqualität
Quelle: Karl Kottmann (Hrsg.): Unternehmensqualität, Stuttgart 1993

2.3 Standardisierung

Der Standardisierung kommt bei Kaizen eine zentrale Bedeutung zu. Das Niveau eines Prozesses oder Sachverhaltes kann nur dann gehalten bzw. verbessert werden, wenn er als Standard festgeschrieben (standardisiert) ist. Aufbauend auf dieser schriftlichen Fixierung setzt der Verbesserungsprozeß ein. Der verbesserte Prozeß oder Sachverhalt wird erneut durch Standardisierung festgehalten, anschließend weiter verbessert etc.

Abbildung 2.3-1: Standardisierung und Verbesserung bei Kaizen

Die Standardisierung wird vom jeweiligen Vorgesetzten, der für diesen Prozeß verantwortlich ist, durchgeführt. Die Suche nach Verbesserungsmöglichkeiten ist Aufgabe aller, besonders der Mitarbeiter vor Ort.

Standardisierte Arbeit (standardized work)		
Taktzeit (takt time)	Arbeitsablauf (working sequence)	Standardisierte Materialmenge im Produktionsprozeß (standard in-process stock)

Abbildung 2.3-2: Die Elemente der standardisierten Arbeit (vgl. Taiichi Ohno)

Die Mitarbeiter vor Ort haben Zugriff auf alle relevanten Informationen über die standardisierte Arbeit (sinnvoll vor allem bei Produktionsbetrieben) durch:

- *Produktionskapazitätsblatt* (production capacity sheet), enthält Informationen über die jeweilige Maschine und deren maximale Produktionskapazität, beispielsweise Prozeß, Maschinen-Nummer, Zeiten für manuelle und automatische Vorgänge, Produktion pro Schicht etc. und ist hilfreich bei der Beseitung von Engpässen.

- *Ablauftabelle für standardisierte Arbeitsschritte* (standardized work combination table), enthält Informationen über die exakt benötigte Zeit für die Durchführung der einzelnen Arbeitsschritte und deren zeitlicher Reihenfolge incl. Zeiten für Gehen oder Warten, ebenso die Taktzeit, die Anzahl der benötigten Teile pro Schicht, usw.

- *Standardarbeitsblatt* (operation standards sheet), enthält eine detaillierte Auflistung der einzelnen Arbeitsschritte in deren zeitlicher Reihenfolge, erklärende Zeichnungen, benötigte Werkzeuge, Ausrüstung, benötigte Qualifikationen, Tips zur Sicherheit, Reparaturanleitung für beschädigte Werkzeuge, Behandlung der Werkstücke/Baugruppen etc. Das Standardarbeitsblatt stellt eine Gebrauchsanleitung für die jeweilige Arbeit dar und wird von Mitarbeitern vor Ort für Mitarbeiter vor Ort erstellt. Besonders neue Mitarbeiter profitieren davon, ineffiziente Anlaufschwierigkeiten werden minimiert.

Der Teamleiter ist verantwortlich für die standardisierte Arbeit und die Anpassung an geänderte Produkte oder Produktionsabläufe. Teamleiter und Mitarbeiter können den Arbeitsablauf selbst gestalten, das Ergebnis zählt!

Ziel dieser Maßnahme ist, die optimale Arbeitsbelastung des Mitarbeiters, den es zu fordern, jedoch nicht zu überfordern gilt. So dürfen beispielsweise geänderte Taktzeiten nicht zu einer geänderten Arbeitsbelastung des Einzelnen führen! Die Taktzeit ist abhängig vom benötigten Output. Neue, evtl. kürzere Taktzeiten und damit ein grösserer Output bei gleicher Arbeitsbelastung sind u.a. erreichbar durch:

- Optimierung der einzelnen Arbeitsabläufe
- Optimierung des Produktionsablaufes
- Optimierung der Maschinen und Werkzeuge.

Bestellungen
Strategie
Anforderungen
etc.

$\left.\begin{array}{l}\textbf{Bestellungen}\\ \textbf{Strategie}\\ \textbf{Anforderungen}\\ \textbf{etc.}\end{array}\right\}$ **Benötigte Menge (Output)** $\rightarrow t_{Takt} = \dfrac{\textbf{Arbeitszeit pro Tag}}{\textbf{benötigte Tagesmenge}}$

Abbildung 2.3-3: Festlegung der Taktzeit (t_{Takt})

Falls die Taktzeiten für ein Team zu kurz/zu lang sind, sind zusätzliche/weniger Mitarbeiter nötig. Es sind auch individuelle Arbeitszeiten möglich. Die Taktzeit ist dann die maximal zur Verfügung stehende Zeit, die Zeit, mit der der nachgelagerte Prozeß bzw. die Fertigungsplanung rechnet.

2.4 Managementaspekte

"Kaizen fordert prozeßorientiertes Denken, weil die Prozesse verbessert werden müssen, ehe wir verbesserte Ergebnisse erwarten können. Kaizen ist aber auch mitarbeiterorientiert und hängt von den Bemühungen der Mitarbeiter ab. Ein scharfer Kontrast zum ergebnisorientierten Denken der meisten westlichen Manager!"

Masaaki Imai

Selbstverständlich ist das Ergebnis wichtig, im Westen wie in Fernost. Ohne positives Betriebsergebnis überlebt kein Betrieb, weder hier noch dort. Der Weg und der Denkprozeß, der zu diesem Ziel führt, ist lediglich verschieden.

Kaizen setzt die gezielte Förderung von

- Disziplin
- Effizienz
- Know-how
- Motivation
- Kommunikation

voraus. Dies ist nichts grundlegend neues und sollte in jedem Betrieb eine Selbstverständlichkeit und kein bloßes Lippenbekenntnis sein. Bei allem notwendigen Erfolgsstreben: Im Betrieb arbeiten vor allem *Menschen*, nicht nur Maschinen. Das Management ist, wie bereits erwähnt, verantwortlich für allumfassende Qualität und die Schaffung geeigneter Rahmenbedingungen. Es ist auf die Verbesserungsvorschläge der Mitarbeiter vor Ort angewiesen. Ohne Einbeziehung des Mitarbeiters und ohne Erkennen dessen integraler Bedeutung ist Kaizen, ist die gesamte Lean Production, von vornherein zum Scheitern verurteilt.

2.5 Praxishinweise

Die Lean Production schafft die Rahmenbedingungen für Qualität, Produktivität und Arbeitsmoral. Aber der kontinuierliche Kaizen-Verbesserungsprozeß setzt diese Punkte in die Tat um. An dieser Stelle sei auch noch einmal wiederholt: Die in diesem Kapitel beschriebenen Techniken und Sachverhalte fanden bislang hauptsächlich in Produktionsabläufen Anwendung und sind auch für solche dargestellt. Sie lassen sich jedoch ohne große Schwierigkeiten auf Dienstleistungen und Verwaltungsabläufe übertragen.

Kaizen bedient sich einiger wichtiger Werkzeuge, die nachfolgend kurz erklärt werden. Nach Imai sind dies vor allem:

- Die 5 Warum
- 3-Mu-Checkliste
- 5-S-Bewegung
- Die 6 W
- 4-M-Checkliste (5-M-Checkliste)
- Die 7 statistischen Werkzeuge
- Die Neuen 7 Werkzeuge

Die 5 Warum

Ein wichtiger Punkt von Kaizen, dem permanenten Verbesserungsprozeß, sind die sog. "5 Warum". Diese bedeuten nichts anderes, als so lange (fünfmal oder mehr, fünf ist wie neun eine magische Zahl im Fernost) "warum" zu fragen, bis die *eigentliche* Ursache eines Problemes erkannt ist und sich nicht mit bequemen und einfachen Scheinlösungen zufrieden zu geben. Nur wenn die eigentliche Wurzel des Problemes erkannt ist, kann dieses eliminiert werden. Hierzu ein praktisches Beispiel: Der Motor eines (meines) Autos "schüttelte" kurzzeitig im Leerlauf bei einer viel zu niedrigen Drehzahl und pendelte sich danach wieder bei der korrekten Leerlaufdrehzahl ein. Die erste Werkstatt wählte die bequeme, einfache Scheinlösung: Auf die Frage "Warum schüttelt der Motor?" wurde festgestellt, daß das Luft-Kraftstoff-Gemisch nicht optimal sei. Daraufhin wurde der Luftmengenmesser und, da dieser Ansatz keine Verbesserung brachte, das komplette Steuergerät auf Verdacht getauscht. Das Ergebnis war besser, aber nicht so, wie es sein sollte. Die zweite Werkstatt ging richtig vor:

"Warum schüttelt der Motor?"
Antwort: "Das Luft-Kraftstoff-Gemisch stimmt nicht."

"Warum stimmt das Gemisch nicht?"
Antwort: "Der Kraftstoffanteil ist in der Startphase zu hoch."

"Warum ist der Kraftstoffanteil in der Startphase zu hoch?"
Antwort: "Der Gaszug ist bei Start nicht genau in Nullstellung."

"Warum ist der Gaszug beim Start nicht in Nullstellung?"
Antwort: "Die eingelegte Fußmatte schiebt sich nach vorn und drückt das Gaspedal kaum merklich beim Start nach unten."

"Warum schiebt sich die Fußmatte nach vorn?"
Antwort: "Weil sie nicht am Fahrzeug befestigt ist."

⇒ Befestigen der Fußmatte löst das Problem richtig (und preiswert, große Wirkungen besitzen meist sehr einfache Ursachen).

3-Mu-Checkliste

Anhand einer geeigneten Checkliste sind vor allem bei den "3 Mu"

- muda (Verschwendung)
- muri (Überlastung)
- mura (Abweichung)

Verbesserungsmöglichkeiten zu finden. Die "3 Mu" werden in Kapitel 3 etwas ausführlicher behandelt.

5-S-Bewegung

Geeignete Kampagnen sollen die Bedeutung der "5 S" hervorheben. Diese "5 S" tragen deutlich zur Effizienz bei und sind im einzelnen:

- seiri (Ordnung schaffen)
- seiton (jeden Gegenstand am *richtigen* Platz aufbewahren)
- seiso (Sauberkeit)
- seiketsu (persönlicher Ordnungssinn)
- shitsuke (Disziplin, Selbstdisziplin)

Die 6 W

Durch die "6 W" werden Probleme und Lösungen transparent gemacht und systematisch auf Schwachstellen durchleuchtet. Die "6 W" sind lediglich die Fragewörter

- Wer
- Was
- Wo

- Wann
- Warum
- Wie.

Diese Auflistung erscheint banal, doch könnten in erstaunlich vielen Betrieben Probleme bereits im Vorfeld durch die konsequente Anwendung der "6 W" vermindert werden.

4-M-Checkliste (5-M-Checkliste)

Die "4 M" sind Perspektiven, aus denen ggf. anhand geeigneter Checklisten Probleme oder Planungen zu analysieren oder zu prüfen sind. Die "4 M" sind

- Mensch
- Maschine
- Material
- Methode.

Die "5 M" ergeben sich durch Hinzunehmen von

- Messung.

Die 7 statistischen Werkzeuge

Die "7 statistischen Werkzeuge" tauchen nicht erstmals im Umfeld von Kaizen und Lean Production auf, sondern sind im kaufmännisch-wirtschaftlichen Bereich schon lange bekannt:

- Pareto-Diagramm
- Ursache-Wirkungsdiagramm (Fischgräten- oder Ishikawa-Diagramm)

- Histogramm
- Kontrollkarten
- Streuungsdiagramm
- Grafiken (Balken-, Kreis-(Kuchen-), Kurven-, Spinnendiagramme)
- Prüfformulare

Die Neuen 7 Werkzeuge

- Beziehungsdiagramm
- Affinitätsdiagramm
- Baumdiagramm
- Matrixdiagramm
- Matrixdiagramm zur Datenanalyse
- Diagramm zur Entscheidungsfindung
- Pfeildiagramm (Netzplantechnik!)

Auf die einzelnen Instrumentarien und Diagramme kann hier nicht näher eingegangen werden, sie sind in den meisten Fällen als bekannt vorauszusetzen oder der betriebswirtschaftlichen Literatur zu entnehmen. Auch hier zeigt sich wieder, daß vieles in der Lean Production nicht neu ist. An dieser Stelle sei ausdrücklich vor einer blinden Anwendung aller zur Verfügung stehender Werkzeuge, Hilfsmittel und Instrumente gewarnt. Ganz im Sinne der Lean Production muß unter allen Umständen vermieden werden, mit Kanonen auf Spatzen zu schießen! Es sind immer nur diejenigen Werkzeuge zu verwenden, die zur Lösung gezielt, zweckdienlich und effizient beitragen; Verschwendung (muda) durch zu großen Aufwand ist in jedem Falle zu vermeiden.

Eine weitere Möglichkeit zur Vermeidung von Fehlern ist, die Prozesse und Abläufe narrensicher zu machen (baka-yoke). Fehler, die vorausgeahnt werden, scheiden somit von vornherein aus, beispielsweise durch Einsatz von Schablonen, Anschlägen, Paßformen etc.

Kaizen ist hauptsächlich ein Maß für die Verbesserung von Arbeitsabläufen und Arbeitsmitteln (Ausrüstung). Hierbei wird oft unterschieden zwischen Arbeits-Kaizen (work kaizen) und Ausrüstungs-Kaizen (equipment kaizen).

Ausrüstungs-Kaizen äußert sich in der Anschaffung neuer Arbeitsmittel und Maschinen, um die Arbeit zu automatisieren.

Arbeits-Kaizen basiert auf standardisierter Arbeit und enthält Elemente wie das Neuüberdenken von Arbeitsabläufen, Reorganisation und Neuverteilung von Arbeit. Arbeits-Kaizen ist einfacher, schneller und billiger als Ausrüstungs-Kaizen. Kaizen-Aktivitäten beginnen somit sinnvollerweise mit Arbeits-Kaizen. Falls das aufgetretene Problem auf diese Art nicht zur vollen Zufriedenheit gelöst werden kann, ist Ausrüstungs-Kaizen anzuwenden.

Für Produktionsbetriebe (und genauso für Dienstleister) ist es wichtig, Kosten zu minimieren sowie schnell und flexibel auf sich verändernde Anforderungen und Gegebenheiten zu reagieren. Deshalb müssen *alle* Bereiche (Marketing, Produktion, Vertrieb, Verwaltung, Management, ...) einem ständigen Verbesserungsprozeß unterworfen werden. Dieser permanente Verbesserungsprozeß ist Kaizen, das die Hauptanstrengungen auf die Eliminierung von Verschwendung jeglicher Art richten sollte.

"For Kaizen is the real dynamic of quality and productivity."

The Toyota Production System
Toyota Motor Corporation, Japan

3 Muda (Verschwendung)

Hauptziel und Kern der Lean Production ist es, Verschwendung jeglicher Art erfolgreich zu beseitigen. Unter Verschwendung ist hierbei all das zu verstehen, das die Kosten erhöht ohne einen sinnvollen Beitrag zur Produktion oder Dienstleistung zu leisten, also ohne eine sinnvolle Wertschöpfung zu erbringen. Hierzu zählen vor allem zu hohe Lager- und Haldenbestände, redundantes Personal und redundante Ausrüstung, aber auch demotivierende Maßnahmen, Negaholismus (Verbreiten von Unzufriedenheit durch Vorgesetzte und Kollegen), Mobbing (gezielter Kleinkrieg am Arbeitsplatz) und fehlender Weitblick. Alle diese Arten von Verschwendung senken die Produktivität, die Effizienz und somit das Betriebsergebnis. Hierbei ist darauf zu achten, daß Maßnahmen des Managements nicht das Gegenteil des beabsichtigten Ergebnisses bewirken. Effizienzsteigernde Maßnahmen "um jeden Preis", permanente Auslastung von Maschinen- und Produktionskapazitäten hart an der Leistungsgrenze bringen nur kurzfristige Erfolge, die bald durch Schäden, verursacht durch Demotivation, schlechtes Betriebsklima und Frustration mehr als aufgebraucht werden. Weitblickendes, sozialverantwortliches Handeln ist wichtiger denn je, denn bei den Mitarbeitern handelt es sich um *Menschen*, nicht um stupide Maschinen. Die soziale Verantwortung im Unternehmen wird immer größer. Viele fernöstliche Betriebe haben das bereits verstanden.

Verschwendung wird oft als die "3 Mu" dargestellt, die menschliche, maschinelle und organisatorische Aspekte enthalten. Diese "3 Mu" sind aus dem japanischen Sprachgebrauch entnommen:

muda (Verschwendung im engeren Sinn)
mura (Ungleichmäßigkeit, Abweichung)
muri (Unzweckmäßigkeit, Überlastung)

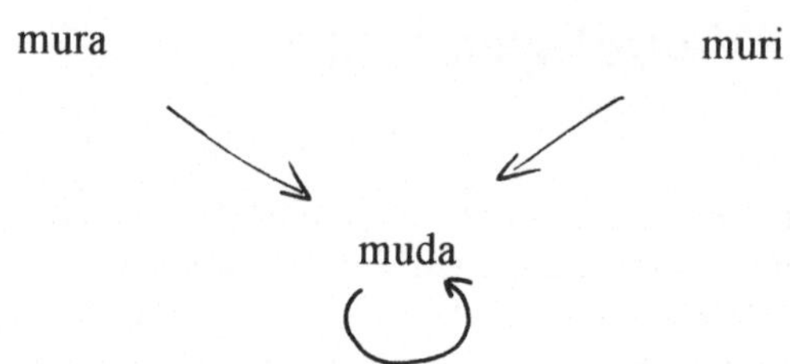

Abbildung 3-1: Wirkungsweise der "3 Mu" untereinander

Bei Toyota beispielsweise konzentrieren sich Programme zur Vermeidung von Verschwendung hauptsächlich auf folgende sieben Kategorien von Verschwendung (entnommen aus: The Toyota Production System, Toyota Motor Corporation):

1. Überproduktion

Überproduktion ist die gravierendste Art der Verschwendung, denn sie verschleiert die Notwendigkeit von Verbesserungen und führt zu anderen Arten von Verschwendung.

2. Transportzeiten durch stockenden Arbeitsfluß

Diese werden oft verursacht durch die ineffiziente oder gar unzweckmäßige Anordnung von Maschinen und Produktionsstätten. Maschinen und Produktionslinien sollten so nah wie möglich beieinander liegen, und Material und Teile sollten von einer Maschine zur anderen ohne Stopp und unnötige Zwischenlager wandern.

3. Wartezeiten durch ineffiziente Arbeitsabläufe

Den Wartezeiten kann beispielweise durch Staffelung statt bisheriger Parallelisierung begegnet werden:

	Maschine	Mitarbeiter	Arbeitsvorgang
Bislang:	a	A	— —
	b	B	— —
	c	C	— —
Jetzt:	a	A	— —
	b	A	— —
	c	A	— —

4. Überflüssige Bearbeitung von Werkstücken und Teilen (oder Planungen, Berichte, Beschreibungen, ...)

Überflüssige Bearbeitung ist so ineffizient wie ungenügende Bearbeitung. Bearbeitung auf 1/1000 mm an Teilen beispielsweise, die auf 1/100 mm spezifiziert sind, ist Zeit- und Geldverschwendung. Mitarbeiter müssen lernen, Werkstücke etc. *angemessen* zu bearbeiten. Auch zu starke Beanspruchung von Teilen und Maschinen ist Verschwendung.

5. Zu hohe Lagerbestände (höher als momentan benötigt)

Ein glatter, reibungsloser Produktionsfluß ist ein effektiver Weg, um genau so viel zu produzieren, wie vom nächsten Prozeß benötigt wird. Falls unnötige Lagerbestände zwischen zwei Prozessen auftreten, müssen Kaizen-Aktivitäten gestartet werden, um die Ursachen zu identifizieren und zu beseitigen. Die Sicherstellung eines reibungslosen Produktionsflusses ist, gerade bei der Lean Production, sehr schwierig und mit umfangreichen Arbeiten verbunden. Die Produktion darf aufgrund des Just-in-Time-Konzeptes keinesfalls ins Stokken geraten!

6. Bewegungen, die nicht unmittelbar zum Arbeitsvorgang gehören

Produktionsprozesse beinhalten oftmals mehr Bewegungen von Menschen und Maschinen als nötig, um die gerade anstehende Arbeit zu bewältigen. Bei Toyota wurden beispielsweise Schraubenspender eingeführt, die genau so viele Schrauben abgeben, wie für die Montage des gerade bearbeiteten Teiles benötigt werden. Dadurch kann der Mitarbeiter vor Ort ohne nachzudenken zugreifen und muß keine Zeit für das Zählen der Schrauben verschwenden.

7. Nacharbeit durch Fehler

Jidoka und standardisierte Arbeit wurden geschaffen, um eine gleichbleibende, verläßliche Qualität zu garantieren. Somit ist keine oder nur sehr wenig Nacharbeit nötig. In allen Zwischenschritten des Produktionsprozesses ist auf Qualität besonders zu achten (wem kommt der alte Satz "Wenn man etwas macht, macht man es richtig" nicht bekannt vor?).

Keinesfalls darf das Verhältnis von wertschöpfender Arbeit zu Verschwendung außer acht gelassen werden. Der westliche Ansatz versucht hierbei oft, die Arbeitsbelastung zu erhöhen, oftmals über die Grenzen der einzelnen Mitarbeiter hinaus. Auf diese Art nehmen Gesamtkapazität *und* Verschwendung zu. In der Lean Production wird die Arbeitsbelastung besonders des Einzelnen als fest betrachtet.

Vielmehr wird versucht, die Verschwendung zu senken, was zu einer Erhöhung von Realkapazität und Wirkungsgrad bei gleicher Arbeitsbelastung führt.

$$\text{Produktionskapazität, Gesamtarbeit} = \text{notwendige, wertschöpfende Arbeit} + \text{Verschwendung}$$

(vgl. Taiichi Ohno)

oder anders ausgedrückt:

$$\text{Effektiver Wirkungsgrad} = \frac{\text{notwendige, wertschöpfende Arbeit}}{\text{Gesamtarbeit}}$$

$$= \frac{\text{notwendige, wertschöpfende Arbeit}}{\text{notw., wertsch. Arbeit} + \text{Verschwendung}}$$

(Gesamt-)Produktionskapazität bzw. Gesamtarbeit	
Notwendige und wertschöpfende Arbeit (= Realkapazität)	Verschwendung

Abbildung 3-2: Die Produktionskapazität bzw. Gesamtarbeit setzt sich zusammen aus notwendiger, wertschöpfender Arbeit und Verschwendung.

Desweiteren gibt es noch all jene Kosten, die sich nur schwer direkt messen oder einer verursachenden Kostenstelle (soweit überhaupt vorhanden) korrekt zuordnen lassen. Man spricht hier auch gerne vom sog. "Eisberg der Unwirtschaftlichkeit", denn die sichtbaren Kosten für Ausschuß, Nacharbeit, Gewährleistung, Fehleranalyse und Sonderprüfungen stellen tatsächlich nur die Spitze eines Eisberges dar (vgl. K. Kottmann (Hrsg.): Unternehmensqualität, Stuttgart 1993). Die Liste für schwer erkenn- und meßbare Kostenverursacher ist nahezu endlos. Zu ihr gehören Suchaktionen aufgrund von Fehlstückzahlen, mangelhafter Prozeßablauf, unsachgemäße Handhabung, mangelhafte Ausrüstung, falsche Belastung, unnötig gebundenes Kapital, Fehler in den Aufträgen, Falschlieferungen, schlechter Führungsstil und andere Frustratoren, mangelhaftes Informationssystem, unhandliche und unzweckmäßige Listen und Formulare, Bürokratie, verärgerte oder verlorene Kunden, Korrekturabstimmungen, Zusatzanalysen, Sonderuntersuchungen, Schuldzuweisungen, Rechtfertigungen, Teilesuchaktionen, erhöhte Abwesenheitsrate, schlechte Arbeitsmoral, übertriebener Aufwand für Darstellungen und Präsentationen, zu viele Besprechungen, schlechtes Zeitmanagement, ...

4 Jidoka

"Wenn ein Unternehmen über die fortschrittlichsten Anlagen verfügt, die Mitarbeiter aber viel mehr Aufmerksamkeit auf diese Anlagen als auf die Produkte verwenden müssen, ist die Investition vergeblich."

Jim Lewandowski

Jidoka ist die japanische Bezeichnung für Automatisierung. Japanische Schriftzeichen besitzen jedoch verschiedene Arten der Aussprache und Bedeutungen. So fügt man beispielsweise bei Toyota noch das Schriftzeichen für Mensch/Person in die Kanji-Zeichen von Jidoka ein, ohne daß sich dadurch die Aussprache ändert. Jidoka erhält dann die Bedeutung "menschliche Automatisierung", "autonome Automation" (oder abgekürzt "Autonomation"). Bei diesem Konzept wird angestrebt, den Menschen durch intelligente Systeme und Steuerungen zu entlasten. Die Maschinen sollen den Menschen dienen und nicht umgekehrt. Der Einsatz intelligenter Sensoren, Regler etc. erleichtert nicht nur die Fehlersuche und Fehlerkorrektur. Der Produktionsprozeß wird bei Abnormitäten vom Bedienpersonal oder - besser - von Sensoren automatisch angehalten, der nachgelagerte Prozeß wird nicht mit fehlerhaften oder defekten Teilen beliefert.

Auch die Mitarbeiter sind aufgefordert, den Produktionsprozeß zum nächsten definierten Zeitpunkt anzuhalten. Es empfiehlt sich nicht, die Maschinen sofort anzuhalten, da die Zeit bis zum nächsten definierten Stopp evtl. ausreicht, um den Fehler zu beheben. Bei einem undefinierten Halt können Synchronisationsschwierigkeiten mit parallel laufenden Tätigkeiten auftreten, ebenso Qualitätseinbußen, beispielsweise bei nur halb fertig bearbeiteten Werkstücken. Die kurzfristige Unterbrechung beim Auftreten von Störungen oder defekten Teilen verhindert einerseits mögliche weitreichende (und kostenintensive) Maschinenschäden, zum anderen kann das Problem und dessen Ursache besser erkannt werden, da der Prozeß beim *Auftreten* des Problems unterbrochen wird und nicht sehr viel später durch nachgelagerte Qualitätskontrollen. Auftretende Probleme sind auch sehr viel leichter lokalisierbar (welcher Mitarbeiter / welcher Sensor hat wo ausgelöst?). Jidoka benötigt weit weniger Kontrollpersonal als viele andere Automatisierungskonzepte, da die Maschinen automatisch überwacht werden und nicht permanent mit Kontrollpersonal besetzt sein müssen. Das Personal kann sich mit Problemen und Arbeiten befassen, die menschliches Urteilsvermögen benötigen, und wird von stupiden und monotonen Kontroll- und Beobachtungsaufgaben entlastet. Taiichi Ohno, Mitbegründer der Lean Production, schreibt hierzu in seinem Buch "Das Toyota-Produktionssystem":

"Autonome Automation ändert auch die Art der Aufsicht über die Maschinen. Wenn diese normal arbeiten, wird kein Maschinenbediener benötigt. Nur wenn eine Maschine wegen einer Unregelmäßigkeit anhält, kümmert sich jemand um sie. Folglich kann ein Arbeiter mehrere Maschinen bedienen, wodurch die Anzahl der Arbeiter reduziert und die Produktivität erhöht werden kann."

Unterstützt wird die Autonomation durch Versuche, Vorgänge und Arbeiten narrensicher zu gestalten (baka-yoke) und durch Sichtkontrolle: Auf Anzeigetafeln (japan. andon) kann abgelesen werden, wo der Prozeß angehalten wurde. Die Aufsicht kann sich gezielt vor Ort begeben und das Problem beseitigen. Durch Andon-Tafeln ist eine Fehlerlokalisierung "auf einen Blick" möglich. Zur Sichtkontrolle und Visualisierung gehören auch Blätter und Diagramme, mit denen sich die Mitarbeiter immer wieder die wichtigsten Punkte vor Augen halten können. Es empfiehlt sich, bei Montage wechselnder Geräte (oder bei wechselnden Planungsaufgaben) die wichtigsten Schritte auf solchen Blättern festzuhalten, um die Umstellung schnell und problemlos zu gestalten. Diese Blätter dienen gleichzeitig als Standardisierung und Grundlage für Kaizen-Verbesserungen.

5 Just-in-Time (JIT)

5.1 Einleitung

"Just-in-Time bedeutet, daß in einem Fließverfahren die richtigen Teile, die zur Montage benötigt werden, zur rechten Zeit und nur in der benötigten Menge am Fließband ankommen. Ein Unternehmen, das diesen Teilefluß durchgehend praktiziert, kann sich einem Null-Lagerbestand annähern."

Taiichi Ohno

Just-in-Time (JIT) stellt an logistische und materialwirtschaftliche Abläufe höchste Anforderungen. Dazu ist ein Umdenken bei *allen* (Zulieferer, Arbeiter, Angestellte, Verwaltung, Management, ...) notwendig. Ohne entsprechend angepaßtes Produktionssystem ist JIT zum Scheitern verurteilt. Das Produktionssystem sowohl beim Montagebetrieb als auch beim Zulieferbetrieb, muß auf JIT abgestimmt sein. Dasselbe gilt sinngemäß für die Just-in-Time-Lieferung innerhalb des Betriebes, wenn die Herstellung und Montage im selben Betrieb erfolgen.

Produktionsschwankungen sind zu vermeiden, da ansonsten entweder Reservekapazitäten vorgehalten werden müssen, was wiederum zu Verschwendung führt, oder das JIT-System ins Wanken gerät. Eine zu starre Produktionsnivellierung hat jedoch, abhängig vom Auftragseingang, lange und schwankende Lieferzeiten zur Folge. Es ist daher ratsam, verschiedene Produkte im selben Bereich zu fertigen. Beispielsweise werden verschiedene Pkw-Typen auf demselben Band gefertigt, um Schwankungen innerhalb der einzelnen Typen auszugleichen. Die Verringerung der Losgrößen und die Senkung der Zeiten für Werkzeugwechsel und Rüstzeiten führt zu einer weiteren Produktionsflexibilisierung. Dies kann unter anderem durch den Entwurf geeigneter Vorrichtungen und durch den Versuch, "Narrensicherheit" (baka-yoke) einzubauen, verwirklicht werden. Eine Spezialisierung der Maschinen sollte weitgehend vermieden werden, je größer der Spezialisierungsgrad ist, desto geringer ist die Flexibilität und desto schwerer wird die Produktionsnivellierung.

Auch durch die zumindest logistische Zusammenarbeit verschiedener Zulieferer kann das JIT-Konzept erfolgreich unterstützt werden. Bei "mixed-load pickup and delivery" beispielsweise fährt ein Lastwagen verschiedene Zulieferer mehrmals täglich an. Damit werden geringe Lagerbestände bei Zulieferer und Montagewerk sowie eine wirtschaftliche Auslastung des Lastwagens erreicht. Früher lieferte jeder Zulieferer selbst an, was oftmals zu beiderseitigen großen Lagerbeständen und halbleeren LKWs führte.

Das oberste Ziel des Just-in-Time-Konzeptes ist die Umsetzung jedes Auftrages in die Auslieferung eines Qualitätsproduktes, und zwar so schnell und effizient wie möglich. Japanische Betriebe führen hierzu eine jährliche, halbjährliche, vierteljährliche, monatliche, zehntägige (oder wöchentliche) und tägliche Produktionsplanung durch, Fertigungskapazitäten werden akribisch genau berücksichtigt. Der Aufwand für die Produktionsplanung muß jedoch wirtschaftlich sein.

5.2 Kanban

Ein Kanban ist ein Datenträger mit Informationen über Werkstücke, Teile oder Baugruppen. Entwickelt hat sich der für Just-in-Time-Systeme unentbehrliche Kanban wohl aus dem herkömmlichen Warengleitschein, doch steuert er darüberhinaus den mit den Teilen oder Baugruppen verbundenen Materialfluß bis hin zur Lieferung und Produktion neuer Teile und ermöglicht einen gleichmäßigen Produktions-

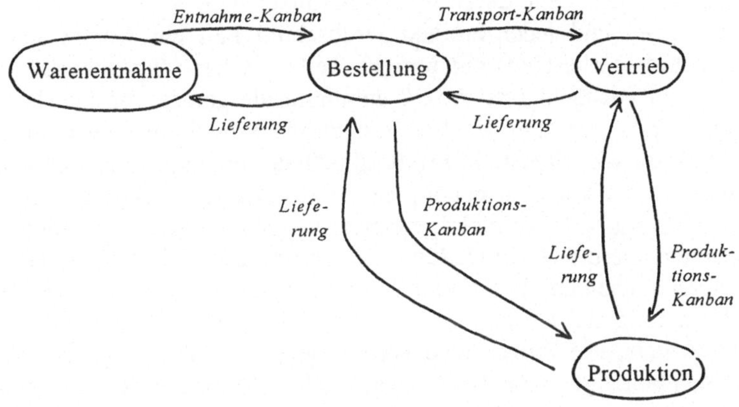

Abbildung 5.2-1: Wirkungsweise der Kanban
Lieferung und Produktion der Ware erfolgt in Art und Anzahl gemäß Kanban, welcher an der neuen Ware wieder angebracht wird. Bei externen Lieferanten werden die Waren über den Vertrieb bestellt, intern mittels Produktions-Kanbans direkt.

fluß und eine gleichmäßige Arbeitsverteilung. Oftmals sind Kanbans bedruckte Karten in Kunststoffhüllen, bedruckte oder farblich kodierte Metallplättchen etc., die an Transportmedien wie Wagen, Containern und Kisten oder an den Baugruppen selbst lösbar oder fest angebracht werden. Sie ermöglichen und vereinfachen eine enge, organische Verzahnung der verschiedenen Schritte und Stationen im Produktionsprozeß. Die angestrebte gleichmäßige Arbeitsverteilung (Verteilung des Produktionsvolumens) eines Prozesses wird durch das Kanban-System auch als gleichmäßige Verteilung des Produktionsvolumens auf den vorgelagerten Prozeß übertragen.

Das Pull-System der Lean Production sorgt im Gegensatz zum Push-System der herkömmlichen Massenproduktion dafür, daß nur die gerade verbauten Teile durch neu zu produzierende ersetzt werden. Jeder Prozeß und jeder Produktionsabschnitt hält ein *kleines* Lager (Standardlagerbestand) mit fertigen Teilen in fest vorgegebener Anzahl. Der nachgelagerte Prozeß entnimmt die gerade von ihm benötigten Teile, was zur Kanban-gesteuerten Produktion genau dieser Teile beim vorgelagerten Prozeß führt. Jeder Produktionsprozeß kann dabei auf die von ihm benötigten Teile zugreifen. Teile, die in den Produktionsprozessen nicht gebraucht werden, werden nicht entnommen und somit nicht produziert oder transportiert. Die Maschinen arbeiten aufeinander abgestimmt. Dies führt zu einer Senkung von Verschwendung und Kosten. Im herkömmlichen Push-System produziert der vorgelagerte Prozeß eine vorgegebene Anzahl von Teilen. Momentan benötigte, zum Teil schwankende Teilemengen des nachgelagerten Prozesses werden außer acht gelassen. Das Ergebnis: Die Teile stapeln sich beim nachgelagerten Prozeß, wo Zeit und Platz für die Lagerung benötigt werden, oder es werden zu wenige Teile geliefert, was zu einem Mehraufwand für kurzfristige Teilebeschaffung führt. In beiden Fällen werden Arbeitszeit und Arbeitskapazität sinnlos gebunden.

Falsch (Push-System):

Output

Prozeß 1 ——> Prozeß 2

Prozeß 1 produziert Teile und gibt diese an Prozeß 2 weiter, unabhängig von dessen momentanen Bedürfnissen.

Richtig (Kanban-gesteuertes Pull-System):

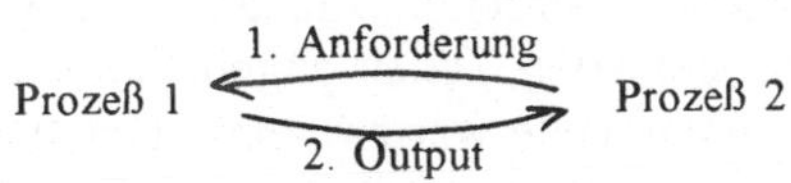

Die von Prozeß 2 benötigten bzw. entnommenen Teile die Produktion von Prozeß 1.

Abbildung 5.2-2: Push-System und Pull-System mit Kanban

Das Push-System der klassischen Massenproduktion kann als vorwärtsverkettend, das Kanban-gesteuerte Pull-System der Lean Production als rückwärtsverkettend betrachtet werden.

Bei den Kanban unterscheidet man hauptsächlich zwischen Entnahme-Kanban (parts withdrawal kanban), Transport-Kanban und Produktions-Kanban (production instruction kanban). Oftmals dient ein und dasselbe Kanban als Entnahme-, Transport- und Produktions-Kanban. Bei Toyota werden der Entnahme- und der Produktions-Kanban unter anderem wie folgt eingesetzt (vgl. The Toyota Production System, Toyota Motor Corporation, Japan):

Der Entnahme-Kanban (parts withdrawal kanban) wird an den produzierten Teilen angebracht (Warenbegleitkarte). Er wird in jedem Produktionsschritt verwendet, um zusätzliche Teile beim vorgelagerten Prozeß als Ersatz für die verbauten Teile *anzufordern*. Werksintern teilen die Mitarbeiter dem vorgelagerten Prozeß mit, daß sie alle Teile (z.B. bestückte Platinen für ein elektronisches Gerät) verbaut haben und daß der vorgelagerte Prozeß (Bestückung + Lötstraße) mehr davon produzieren soll, während die Mitarbeiter des nachgelagerten Prozesses die für den nächsten Arbeitsabschnitt benötigten Teile aus dem kleinen Standardlager zwischen den Prozessen entnehmen. Ohne diesen Standardlagerbestand müssen die Teile rechtzeitig per Entnahme-Kanban bestellt werden. Dieses Vorgehen gilt analog für die Zusammenarbeit mit externen Zulieferern.

Der Produktions-Kanban (production instruction kanban) wird wie der Entnahme-Kanban an den produzierten Teilen angebracht (Warenbegleitkarte). Die zu montierenden Teile warten beim herstellenden Prozeß darauf, daß die Mitarbeiter, die die Teile benötigen, diese bei Bedarf abholen (*kleines* Lager vor Ort). Wenn die Teile abgeholt werden, geht der Kanban an den produzierenden Prozeß als Teileanforderung, um die entnommenen Teile wieder zu ersetzen. Der sog. "intra-process-kanban" wird verwendet, um Produktionsanweisungen an Prozesse mit nur einer gefertigten Teilart oder mit sehr schnellen Rüstzeiten zu übermitteln. Der sog. "signal-kanban" wird verwendet, um Produktionsanweisungen an Prozesse mit Los-Fertigung und grossen Rüstzeiten (Fertigungszeit jedoch kürzer als benötigte Zeit zum Verbauen der Teile) zu übermitteln.

Wie man leicht erkennt, handelt es sich bei den verschiedenen Kanban oftmals um ein und dasselbe Stück Papier, das aus der Sicht der verschiedenen Prozesse als Entnahme- oder als Produktions-Kanban zu betrachten ist.

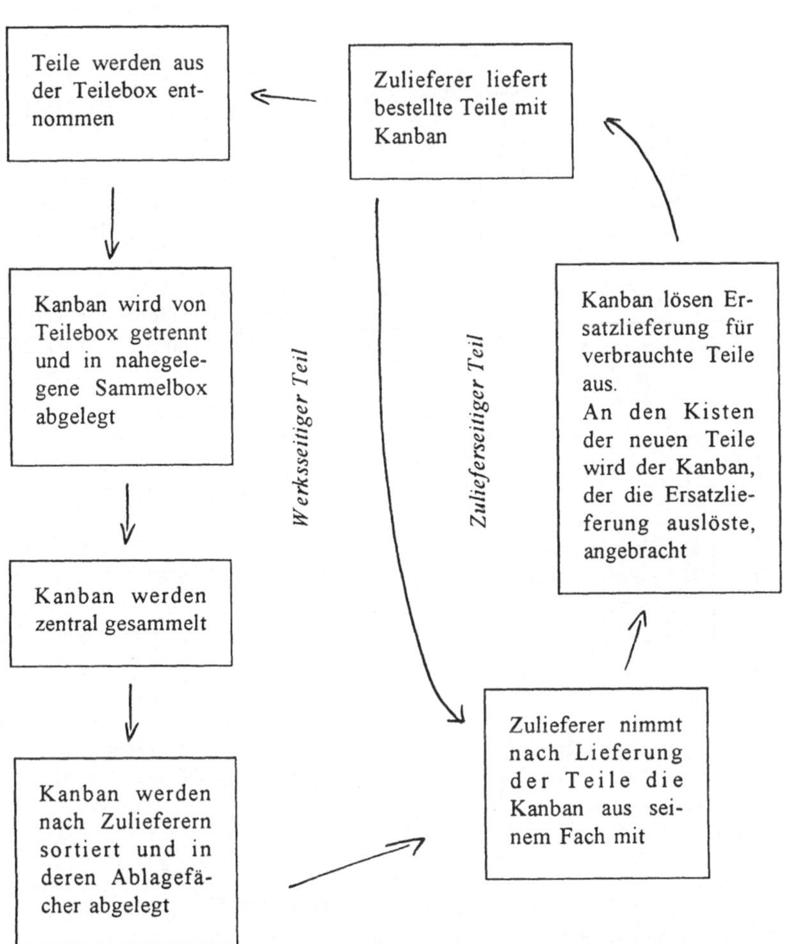

Abbildung 5.2-3: Kreislauf des Entnahme-Kanban (parts withdrawal kanban)

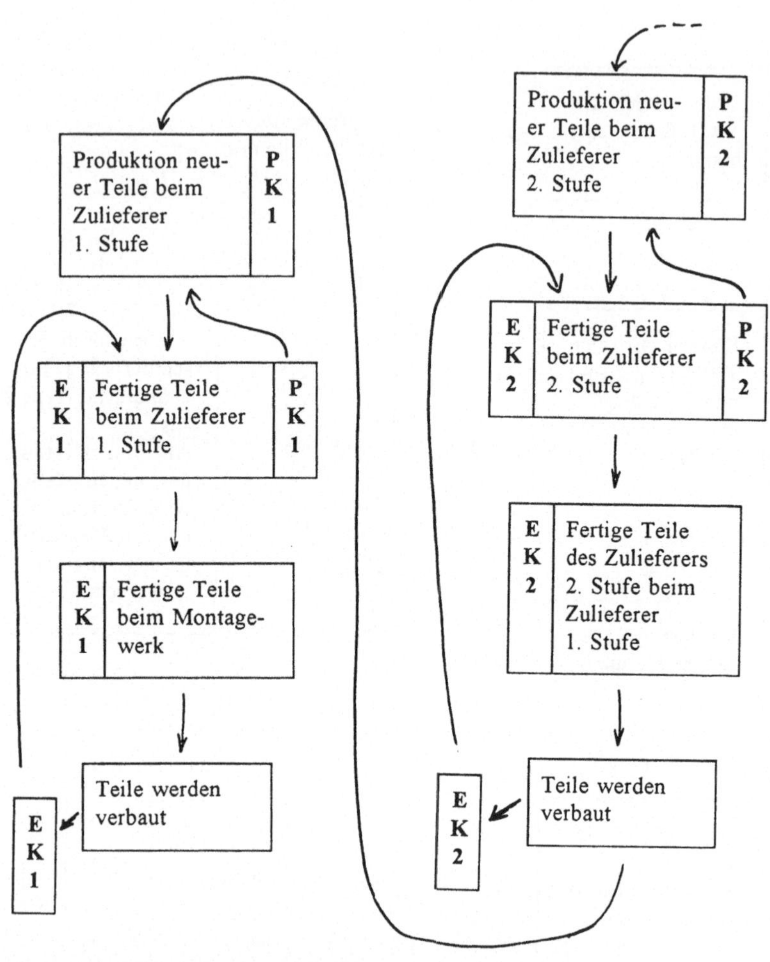

EK = Entnahme-Kanban (parts withdrawal kanban),
PK = Produktions-Kanban (production instruction kanban)

Abbildung 5.2-4: Material- und Kanbanfluß

Von Taiichi Ohno stammen die folgenden Anwendungsregeln, entnommen aus seinem Buch "Das Toyota-Produktionssystem":

Funktionen des *kanban*	Anwendungsregeln
1. Liefert Entnahme- oder Transportinformationen.	1. Nachfolgender Arbeitsgang entnimmt beim vorangehenden die vom *kanban* angegebene Anzahl der Werkstücke.
2. Liefert Produktionsinformationen.	2. Vorgelagerter Arbeitsgang stellt Teile in der vom *kanban* angegebenen Menge und Reihenfolge her.
3. Verhindert Überproduktion und überflüssigen Transport.	3. Kein Werkstück wird ohne *kanban* hergestellt oder transportiert.
4. Dient als Arbeitsauftrag, angebracht an Gütern.	4. Bringe immer ein *kanban* an Gütern an.
5. Verhindert fehlerhafte Produkte durch Feststellen des Arbeitsganges, der die Fehler macht.	5. Fehlerhafte Teile werden nicht an den nächsten Arbeitsgang weitergeleitet. Das Ergebnis sind völlig fehlerfreie Endprodukte
6. Deckt bestehende Probleme auf und ermöglicht Lagerbestandskontrolle.	6. Die Verringerung der Anzahl der *kanban* erhöht ihre Sensibilität.

Kanban sind keine rein japanische Erfindung, ebensowenig das kanbangesteuerte Pull-System. Dessen Prinzip gewährleistet seit den siebziger Jahren eine effiziente Arzneimittelversorgung in deutschen Apotheken! Auf den Arzneimittelkärtchen sind Informationen über das Medikament selbst, Packungsgrößen, Standardvorrat, Standardbestellmenge, Lagervorschriften, Abgabebeschränkungen sowie die statistische Verkaufserfassung vermerkt. Das Kärtchen verläßt im Gegensatz zum Transport-Kanban die Apotheke nicht. Die Bestellung erfolgt rechnerunterstützt per Datenfernübertragung. Ein kanbangesteuertes Pull-System par excellence, seit über zwanzig Jahren vor unserer Haustür.

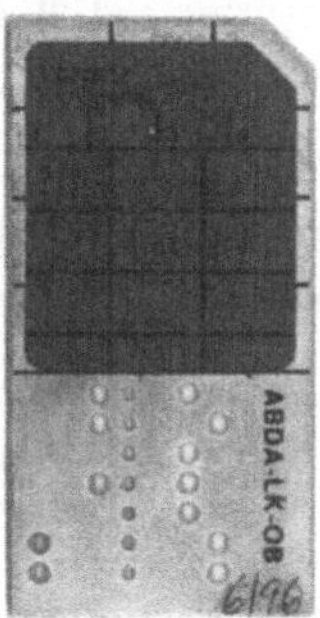

Abbildung 5.2-5: Arzneimittelkärtchen aus einer deutschen Apotheke

5.3 Heijunka

Heijunka ist die sequentielle Planung der Arbeit, die Produktionsnivellierung. Diese ist sehr wichtig, da die Lean Production durch Konzepte wie Just-in-Time sehr empfindlich auf Produktionsschwankungen reagiert. Durch die Beschäftigungsgarantie vornehmlich in Großbetrieben werden in Japan bei Auftragsschwankungen keine Mitarbeiter entlassen, Lohnkosten werden dort als fixe Kosten betrachtet. Die Voraussetzung für Heijunka sind Mitarbeiter, Produktionsmittel und Transportkapazitäten, die verschiedene Aufgaben und Probleme bewältigen können; Lean Production lebt in allen Details von kreativer Flexibilität. Teile und Baugruppen müssen für ein nivelliertes Just-in-Time-Konzept so produziert und angeliefert werden, daß sie gleich ohne Sortieren eingebaut werden können. Für Heijunka sind Taktzeit, Auslastungsgrad und Betriebsfähigkeitsrate wichtige Größen:

$$\text{Taktzeit} = \frac{\text{Arbeitszeit pro Tag}}{\text{Benötigte Stückzahl pro Tag}}$$

$$\text{Auslastungsgrad} = \frac{\text{momentane Produktionsleistung}}{\text{Nennbetriebskapazität}}$$

$$\text{Betriebsfähigkeitsrate} = \frac{\text{Zeit in betriebsbereitem Zustand}}{\text{Gesamtarbeitszeit}}$$

5.4 Produktionsfluß

So wichtig wie die Produktionsnivellierung (Heijunka) ist ein reibungsloser Produktionsfluß (continuous-flow processing) bei der Planung des Produktionsprozesses. Um die Gesamteffizienz zu maximieren, muß ein effizienter Fluß sowohl im gesamten Produktionsprozeß (Rohstoffe, maschinelle Bearbeitung/Fertigung und Montage) als auch im einzelnen Arbeitsablauf (Werkstück positionieren, Befestigungen sichern, Schrauben anziehen etc.) vorherrschen. Die einzelnen Werkstücke und Teile müssen gleichmäßig und zügig aufeinander folgen und den Produktionsprozeß in einem reibungslosen, kontinuierlichen Fluß durchlaufen. Die Produktionsmittel sollten dabei nicht in Maschinen- oder Prozeßgruppen, sondern in Produktionslinien, die einen kontinuierlichen Materialfluß sicherstellen, angeordnet sein. Falsche Anordnung von Produktionsmitteln führt zu einem überhöhten Materialumlauf mit zusätzlichem, unnötigem Transport, zu einer großen Zahl von Zwischenlagern halbfertiger Teile oder Baugruppen sowie zu erheblichen Schwierigkeiten bei der Standardisierung von Materialfluß, Materialmengen und Produktionsablauf. Die Fertigung in kleinen Losgrößen wird dabei oftmals unrentabel und ist nur sehr aufwendig exakt terminierbar.

Bei unzweckmäßiger Anordnung der Produktionsmittel wird mehr Personal und Produktionszeit als bei optimaler Anordnung benötigt. Produkt- oder Spezifikationsänderungen sind meist aufwendiger umsetzbar, ebenso ist die Fehleranalyse bei defekten oder fehlerhaften Teilen schwieriger, Korrekturmaßnahmen gestalten sich aufwendiger als bei optimaler transparenter Anordnung. Verbesserungen lassen sich oftmals erzielen, wenn auch die Vormontage in die Montagelinien integriert wird. Jeder (Teil-)Prozeß muß sich harmonisch in den Produktions*fluß* integrieren und so einen reibungslosen Materialfluß sicherstellen. So wenig Zeit (und Geld) wie möglich darf durch den

Transport von Teilen zwischen den einzelnen Prozessen verloren werden!

Große Losgrößen führen meist zu großen Zwischenlagern, ungenutzten Kapazitäten und zu verschiedenen Arten von Verschwendung. Kleine Losgrößen, die in der klassischen Massenproduktion als unrentabel galten, führen hingegen zu kleinen Zwischenlagern und zu einer geringeren Zahl ungenutzter Kapazitäten. Dabei sind jedoch flexible Maschinen und kurze Maschinenrüst- und Maschinenumbauzeiten unabdingbare Voraussetzung! Maschinenstandzeiten sind auf ein Minimum zu beschränken, Personal bzw. Maschinen sind dahingehend zu schulen bzw. zu optimieren.

In der klassischen Massenproduktion wurden viele Teile erst dem Fertigungsschritt A unterworfen, dann dem Fertigungsschritt B usw. Dies führte zu zahlrei-chen Zwischenlagern und einer enormen zeitlichen Verschwendung: Bei Schichtbeginn wartete die Gruppe 2 auf beispielsweise 100 Teile aus dem Fertigungsschritt A der Gruppe 1, bevor sie mit ihrem Fertigungsschritt B beginnen konnte. Umgekehrt hörte die Gruppe 1 vor Schichtende früher auf, da die Gruppe 2 die Teile ja nicht mehr fertigstellen konnte. Der Reibungsverlust zwischen den einzelnen Schritten war enorm. In der Lean Production wird angestrebt, ein Teil komplett fertigzustellen ("one piece at a time"):

Erstes Teil:	Fertigungsschritt A	-	Schritt B	-	Schritt C	-	...
Zweites Teil:			Schritt A	-	Schritt B	-	...
Drittes Teil:					Schritt A	-	...
usw.							

→ Zeit

Abbildung 5.4-1: One piece at a time

Dieses "One piece at a time"-System ist nicht neu, es ist jedoch nicht immer problemlos umsetzbar.

Veraltet hingegen ist aus der Sicht der Lean Production das "multi machine handling", bei dem jeder Mitarbeiter nur *eine* Tätigkeit ausübt. Die Lean Production ersetzt dieses Konzept durch das "multi process handling", bei dem jeder Mitarbeiter bei einem zu produzierenden Teil *alle* Tätigkeiten ausübt. Dadurch entsteht eine große Flexibilität in der Produktion, die einzelnen Mitarbeiter sind flexibler einsetzbar. Für die Mitarbeiter ist, wie fast immer in der Lean Production, ein erhöhter Schulungsaufwand nötig. Dieser "Mehraufwand" rechnet sich jedoch für den Betrieb voll und ist als sinnvolle, gewinnbringende Investition zu betrachten.

Mitarbeiter 1 *- Drehen -*		**Mitarbeiter 2** *- Fräsen -*		**Mitarbeiter 3** *- Bohren -*
		Schichtbeginn		
Drehen Teil A				
Drehen Teil B		Warten		Warten
Drehen Teil C				
	Transport der Teile A - C			
Drehen Teil D		Fräsen Teil A		
Drehen Teil E		Fräsen Teil B		Warten
Drehen Teil F		Fräsen Teil C		
	Transport der Teile D - F		Transport der Teile A - C	
Drehen Teil G		Fräsen Teil D		Bohren Teil A
Drehen Teil H		Fräsen Teil E		Bohren Teil B
Drehen Teil I		Fräsen Teil F		Bohren Teil C
⋮				
Drehen Teil X		Fräsen Teil U		Bohren Teil R
Drehen Teil Y		Fräsen Teil V		Bohren Teil S
Drehen Teil Z		Fräsen Teil W		Bohren Teil T
	Transport der Teile X - Z		Transport der Teile U - W	
		Fräsen Teil X		Bohren Teil U
Warten		Fräsen Teil Y		Bohren Teil V
		Fräsen Teil Z		Bohren Teil W
			Transport der Teile X - Z	
				Bohren Teil X
Warten		Warten		Bohren Teil Y
				Bohren Teil Z
		Schichtende		
Zeit ↓				

Abbildung 5.4-2: Multi machine handling

Mitarbeiter 1	**Mitarbeiter 2**	**Mitarbeiter 3**
	Schichtbeginn	
Drehen Teil A	Drehen Teil B	Drehen Teil C
Fräsen Teil A	Fräsen Teil B	Fräsen Teil C
Bohren Teil A	Bohren Teil B	Bohren Teil C
Drehen Teil D	Drehen Teil E	Drehen Teil F

Zeit

Abbildung 5.4-3: Multi process handling

6 Kundenorientierung

In der Lean Production wird versucht, das Produktionssystem für den Kunden transparent zu machen, es wird versucht, eine direkte Verbindung aufzubauen. Der Kunde soll sich auch mit dem Hersteller und dem Produkt identifizieren können. Die *Zufriedenheit des Kunden* ist oberstes Gebot! Der Markt hat sich längst vom Hersteller-Markt zum kundenorientierten Markt gewandelt. Die Kundenbetreuung ist auch nach dem Kauf außerordentlich wichtig, der Kunde erwartet auch dann kostenlos Informationen, Auskünfte und Hilfe bei Problemlösungen. "Bevor wir weitersprechen: Wenn wir das Problem telefonisch lösen können, kostet Sie das fünfzig Mark" - dieses Beispiel einer amerikanischen Elektronikfirma in Deutschland ist *nicht* erfunden, sondern tatsächlich geschehen! Die Lean Production sieht in ihrem ganzheitlichen Ansatz dagegen den Aufbau einer langfristigen partnerschaftlichen Beziehung mit einem offenen Ohr für die Probleme, Wünsche und Anregungen des Kunden vor. Hohe Produkt- und Servicequalität, Langlebigkeit und Zuverlässigkeit sowohl der Produkte als auch des Service müssen Selbstverständlichkeiten sein, über die man nicht mehr zu reden braucht.

"Der Kunde ist König" (oder besser japanisch "der Kunde ist Ehrengast"), diese Weisheit war einst im Westen verbreitet, geriet jedoch zunehmend in Vergessenheit. Dabei hat jeder schon am eigenen Leibe (als Kunde) erfahren, wie ärgerlich herablassende, arrogante Behandlung oder mangelhafter Service sind. Es ist anscheinend einfacher, den Kunden mit herablassenden Bemerkungen wie "Ich weiß nicht, was Sie haben. Das ist völlig in Ordnung so." und schlampig ausgeführten Servicearbeiten abzuspeisen statt geschilderten Problemen ernsthaft nachzugehen und sowohl diese als auch deren Ursachen zu beseitigen. Dabei sind die Folgen längst bekannt:

- 90 % der Kunden, die mit der Qualität eines Produktes unzufrieden sind, werden dieses (und die anderen Produkte desselben Herstellers) nicht mehr kaufen. Dasselbe gilt für Dienstleistungen.

- Jeder dieser unzufriedenen Kunden teilt seinen Unmut mindestens 9 und teilweise über 20 weiteren Personen mit, deren Großteil dann auch diesen Hersteller oder Dienstleister meiden!

- Lediglich 4 % (!) der unzufriedenen Kunden beschweren sich tatsächlich, die restlichen 86 % meiden den betreffenden Hersteller/ Dienstleister kommentarlos.

(aus Klaus-Jürgen Wittig: Qualitätsmanagement in der Praxis)

Der entstehende Schaden ist immens und nur schwer exakt quantifizierbar. Nicht wenige renommierte Hersteller mußten feststellen, daß durch mangelhafte Produktqualität und schlechten Service, besonders verbunden mit einer gewissen Arroganz, Kunden in Scharen zu Konkurrenzfirmen wechselten, auch langjährige Stammkunden. Die Zeiten des Verkäufermarktes sind endgültig vorbei, es hat sich längst ein empfindlich reagierender Käufermarkt etabliert. Nimbus allein genügt bei weitem nicht mehr. Dies ist in vielen Betrieben noch nicht verstanden worden.

In der Lean Production geht der Vertrieb aktiv auf den Kunden zu und interessiert sich für dessen Wünsche und Kritik. Die Beziehung zum Kunden ist von Kulanz, Qualitätsbestreben und dem Interesse an einer langfristigen Beziehung geprägt. Der Vertrieb ist der erste Schritt in der Produktentwicklung, Kundenwünsche und Kundenanregungen sind der Auslöser für Neuentwicklungen. Somit ist der Vertrieb nicht losgelöst von der Produktion, sondern als wichtiger Teil des Entwicklungs- und des Produktionsprozesses zu sehen, dem ganzheitlichen Ansatz der Lean Production folgend.

Heutzutage entscheiden in erster Linie Qualität und Preis. An zweiter Stelle stehen Eigenschaften wie Umwelt- und soziale Verträglichkeit, Design, Ausstattung und Ausstrahlung. Nicht immer ist die prestigeträchtigste, technisch beste (und teuerste) Lösung tatsächlich die beste. Die zweitbeste technische Lösung zu einem deutlich geringeren Preis bei vergleichbarer Produktqualität und Zuverlässigkeit wird vom Kunden deutlich bevorzugt. Qualiät hat zu Recht ihren Preis, doch nichts trübt Benutzerfreuden mehr als zu hohe Anschaffungs-, Unterhalts- und Wartungskosten.

7 Beziehung zum Lieferanten

"Hier hat man sich in Japan aus wiederum langfristigen Überlegungen heraus entschieden, das im Westen übliche Konkurrenzprinzip durch ein partnerschaftliches Modell der Zusammenarbeit zu ersetzen. Ein Modell, das den Zulieferern wesentlich mehr Kompetenz und Entwicklungskapazität abverlangte, aber auch mehr Sicherheit und Entwicklungschanchen bot."

Harald Wulff, Geschäftsführer der Nissan Motor Deutschland GmbH in seinem Vortrag an der FH Nürtingen/Geislingen am 08.01.1993

"Der Glaube, es sei ein Triumph des Einkaufes, im Duell mit Lieferanten einen Preisabschlag erzielt zu haben, ist somit eine ganz und gar falsche und anachronistische Denkweise. Der einzige Ausweg aus diesem Dilemma kann nur eine partnerschaftliche Beziehung sein, die als gemeinsame Geschäftsbasis in erster Linie das Produkt bzw. die Technologie hat."

Bernd Pischetsrieder, Vorstandsmitglied der BMW AG in seinem Vortrag "Effizienzsteigerung arbeitsteiliger Organisationen durch Funktionsintegration" 1992/93

Beide Zitate machen klar: Die Zeiten, in denen der Zulieferer lediglich als Erfüllungsgehilfe ohne Kompetenzen agierte, zu Preisen, die man beliebig "drücken" konnte, sind vorbei. Das Ausspielen von konkurrierenden Lieferanten führt zu mangelhafter Kommunikation, zu einem stagnierenden Qualitätsniveau und verhindert Verbesserungen, die durch engere Zusammenarbeit möglich wären.

Das Verhältnis zwischen Auftraggeber und Lieferant ist in der Lean Production durch eine partnerschaftliche Beziehung und Transparenz gekennzeichnet. Der Zulieferer wird zum eigenverantwortlichen Systemlieferanten und erhält statt detaillierter Blaupausen lediglich Leistungsspezifikationen als Rahmenvorgabe. Er erhält keinesfalls Detailvorgaben wie beispielsweise zu verwendende Materialien etc., denn der Zulieferer ist Fachspezialist und verfügt oftmals über ein sehr viel tieferes Fachwissen als der Auftraggeber. Das Ergebnis zählt, der Weg dorthin ist seine Sache. Kompetenzen und Verantwortung bis hin zur gesamten Systemkonzeption und Systementwicklung werden an ihn delegiert, ebenso die Qualitätskontrolle. Qualität wird in dieser Beziehung ohnehin als selbstverständlich erachtet, der Auftraggeber muß sich ohne umfangreiche und aufwendige Wareneingangskontrolle darauf verlassen können, daß er vom Lieferanten nur absolut einwandfreie Ware erhält. Gerade beim Just-in-Time-Konzept ist die detaillierte Überprüfung jeder einzelnen Baugruppe nicht mehr möglich.

Dem Zulieferer wird eine Gewinnabsicht zugestanden, die Geschäftsbeziehung muß für *beide* Seiten förderlich sein. Es wird jedoch erwartet, daß der Preis im Laufe der Zeit *sinkt*, da der Zulieferer die notwendigen Prozesse kostenmäßig zunehmend beherrscht und durch Kaizen-Aktivitäten Kostensenkungen durchführen kann. Der Zulieferer liefert Angaben zu Produktionskosten und Qualität, denn evtl. kann der Auftraggeber helfen, die Produktionskosten zu senken oder die Qualität zu verbessern. Dieses Verhalten steht im krassen Gegensatz zur Massenproduktion, wo i.a. der billigste Anbieter (Zulieferer) den Zuschlag erhält. Für die zukünftige Kostenentwicklung geht der Auftraggeber dann wie selbstverständlich davon aus, daß die Preise des Zulieferes *steigen* werden.

In vielen japanischen Betrieben ist es üblich, daß Gewinne durch gemeinsame Problemlösungen und Kostensenkungsmaßnahmen von Zulieferer und Auftraggeber geteilt werden; Einsparungen durch reine Aktivitäten des Zulieferers werden diesem in vollem Umfang zugestanden. Die Erwartungen des Auftraggebers im Hinblick auf sinkende Preise bleiben davon unberührt. Beide Seiten suchen nach Möglichkeiten der Kostensenkung und der Qualitätsverbesserung, auch beim Partner.

Hersteller (Auftraggeber) ***Endproduzent***
Zulieferer erster Stufe ***Systemlieferant*** liefert gesamte Baugruppe bzw. gesamtes System Entwicklung, Konstruktion, Herstellung, Systemverantwortung Beispiel: Bremsanlage mit ABS
Zulieferer zweiter Stufe ***Fertigungsspezialist*** Lieferant für Zulieferer erster Stufe, Fertigung, Teilkonstruktion Beispiel: ABS-Regelelektronik
Zulieferer dritter Stufe ***Teilefertigung*** Lieferant für Zulieferer zweiter Stufe Beispiel: einzelne elektronische Bauteile (Widerstände, Kondensatoren, Transistoren, ...)
. . . usw.

Abbildung 7-1: Beispiel für Zulieferer-Hierarchien

Die Integration des Zulieferers bei der Gesamtentwicklung des Endproduktes führt wiederum zu optimierten Produkten und Fertigungsprozessen, was sich letztendlich in Kostenvorteilen für beide Seiten niederschlägt. Voraussetzung dafür ist jedoch ein offener Dialog über Kosten, Termine und Qualität statt eines Preis-, Termin- oder Qualitätspokers, so Bernd Pischetsrieder, Vorstandsmitglied der BMW AG, München.

Ebenfalls neu ist, daß der Zulieferer die Entwicklungskosten für die von ihm entwickelten und gelieferten Systeme selbst trägt. Er ist ständig um die Weiterentwicklung der Baugruppen und Systeme bemüht, ebenso um weitere Preisreduktionen. Aufgrund der angestrebten langfristigen, partnerschaftlichen Beziehung kann er mit der Hilfe des Auftraggebers bei Problemen und Kostensenkungsmaßnahmen rechnen, der dem Zulieferer auch einen Teil seines Know-hows für Entwicklungen zur Verfügung stellt. In Fernost geht die Zusammenarbeit bis hin zu Personaltransfer und kapitalmäßiger Verzahnung.

Ungeachtet der Transparenz und des regen Kommunikations- und Informationsflusses macht der Zulieferer nur die Informationen und die Werksteile zugänglich, die mit dem jeweiligen Auftraggeber zu tun haben. Bereiche, in denen für andere Auftraggeber gearbeitet wird, sind nicht zugänglich. Andererseits werden weder Aufgaben noch Know-how für diejenigen Teile, die für das Endprodukt charakteristisch sind und die seinen Erfolg maßgeblich mitbestimmen, an den Zulieferer delegiert.

Die Lean Production ist jedoch nicht nur durch eine kostensparende Reduzierung der Fertigungs- und Entwicklungstiefe gekennzeichnet. Auch die Anzahl der direkten Zulieferer ist deutlich niedriger als in der klassischen Massenproduktion. Die Zulieferer stehen auch meist schon vor Entwicklungsbeginn fest und werden weniger über Ausschreibungen und angebotene Kosten als vielmehr durch Kriterien wie bereits erbrachte Leistungen, Zuverlässigkeit und Erfahrungen aus früheren Projekten ausgewählt.

Wie bereits in Kapitel 5.3 gezeigt, ist die Produktionsnivellierung (Heijunka) für die Lean Production und das damit verbundene Just-in-Time-Konzept sehr wichtig. Daraus muß sowohl beim Lieferanten das Bestreben resultieren, alle Maßnahmen zur Unterstützung des Just-in-Time-Konzeptes des Auftraggebers zu ergreifen, denn der Zulieferer zieht denselben Nutzen aus der Lean Production wie der Auftraggeber. Der Auftraggeber muß dem Zulieferer andererseits ebenfalls eine Produktionsnivellierung ermöglichen. Zu dieser gegenseitigen Verantwortung gehören unter anderem rechtzeitige Informationen über Änderungen des Produktionsvolumens beim Auftraggeber. Man muß zu erkennen beginnen, daß man gegenseitig aufeinander angewiesen ist.

Das in diesem Kapitel gesagte gilt sinngemäß auch für die Beziehungen zwischen Lieferanten verschiedener Stufen und der einzelnen Produktionsprozesse innerhalb desselben Betriebes: Der vorgelagerte Prozeß ist der Lieferant des nachgelagerten, der nachgelagerte Prozeß der Kunde des vorgelagerten.

8 Betriebliche Aspekte und Management

"Der Mensch ist eine der wesentlichsten Einflußgrößen auf fast allen Qualitätsmerkmale in den Unternehmen. Alles in Unternehmen, jeder Prozeß, jeder Ablauf, jede Idee wird vom Produktionsfaktor Mensch beeinflußt. Jede Maßnahme, jedes Ziel und jede Strategie, die diesen Umstand außer acht läßt, wird von vornherein zum Scheitern verurteilt sein."

Karl Kottmann (Hrsg.)

Das Management

"In diesem Sinne ist Lean Production ein Unternehmensgestaltungsmodell, das von völlig anderen Denkansätzen, Ausprägungen und Strukturen ausgeht als die tradierten arbeitsteilig, streng hierarchisch geprägten Organisationsmodelle."

Heiner Mählck / Gero Panskus

Auch - oder besser gerade im Managementbereich muß der hochflexible, ganzheitliche Ansatz der Lean Production zum Tragen kommen. Projekte in der Lean Production werden meist von heterogenen, interdisziplinären Teams unter Führung eines starken Projektleiters ("shusa") mit weitreichenden Befugnissen und Kompetenzen vorangetrieben. Durch das dortige breite Wissens- und Erfahrungsspektrum, gepaart mit Verantwortungsdelegation und Eigenverantwortlichkeit, setzen sehr viel eher Synergieeffekte ein als durch das bloße Koppeln verschiedener Abteilungen. Abteilungsdenken hat in der Lean Production nichts zu suchen, ebensowenig das bewußte (oder unbewußte) Zurückhalten von Informationen, um die eigene Position zu stärken. Aktives, vorausschauendes, bereichsübergreifendes Denken ist unabdingbar, was beispielsweise bei einer produktions- bzw. wartungsfreundlichen Konstruktion beginnt.

Es ist überraschend, fast erschreckend, wie selten dieser an sich einfache, beinahe triviale Ansatz außer acht gelassen wird. Ebenso hat sich eine Automatisierung immer auf Effizienz und Kostensenkung auszurichten. Es sollte keine Automatisierung um ihrer selbst Willen oder nur aus Prestigegründen erfolgen, Produktqualität und Kundenzufriedenheit sollten Prestigeobjekte sein. Die Fertigung sollte einfach, effizient und qualitativ hochwertig gestaltet sein, ermöglicht durch Befreiung von unnötigem Ballast und Konzentration auf das Wesentliche.

Nach Womack, Jones und Roos besitzt der schlanke Betrieb zwei Hauptorganisationsmerkmale: maximale Delegation von Aufgaben und Verantwortung sowie ein konsequentes System der Fehlererkennung und Fehlerbeseitigung. Dazu ist ein einfaches, umfassendes Informationssystem notwendig, das ein schnelles Reagieren auf Probleme und das Verständnis der Gesamtsituation ermöglicht und unterstützt. Dazu gehört auch, Probleme und Schwierigkeiten bereits im Vorfeld zu erkennen und zu lösen. Es muß etwas geschehen, *bevor* das Kind in den Brunnen fällt, nicht nachdem es gefallen ist! Aufwand und Kosten sind bei einer Problemlösung im Vorfeld bedeutend geringer, aktives, vorausschauendes Denken ist gefragt! Es sollte jedoch keinesfalls ein zu großer, übertriebener Aufwand getrieben werden. Weniger Aufwand bedeutet weniger Zeit und weniger Kosten. Es wird von Vorgesetzten jedoch immer wieder vergessen, daß Kreativität einen gewissen Freiraum und Denkprozesse eine gewisse Zeit erfordern.

Auch sollte auf eine *realistische* Terminplanung geachtet werden! Dieser Satz steht so oder so ähnlich in fast jedem Buch über Projektleitung und Managementtechniken, wird aber erstaunlicherweise fast nie umgesetzt. Dabei sollte jedem Vorgesetzten bewußt sein, daß unrealistische und zu knappe Terminvorgaben mehr Kosten verursachen als eine angemessene Projektdauer. Es ist besser und wirtschaftlicher, etwas später mit der Produktion zuverlässiger, qualitativ hochwertiger

UNTERNEHMENSGESTALTUNGSMODELL LEAN PRODUCTION		
Prozesse	**Organisation**	**Management**
flußorientierte Ablauforganisation	flache Aufbauorganisation	konsensorientierte Unternehmenskultur
qualifiziertes, flexibel einsetzbares Personal	mitarbeiterorientierte Management-organisation	gruppenorientierte Arbeitsorganisation
unterstützende Technikkonzepte	zielorientierte Personalentwicklung	Kooperations-beziehungen zu Kunden u. Lieferanten

Abbildung 8-1: Elemente des Lean-Unternehmensgestaltungsmodells
vgl. H. Mählck / G. Panskus: Herausforderung Lean Production, Düsseldorf 1993

Produkte zu beginnen als etwas früher mit der Fertigung zweitklassiger. Dies haben mittlerweile auch westliche Automobilhersteller verstanden - lange genug hat es ja gedauert.

Karrieremöglichkeiten unterscheiden sich in der Lean Production stark von den gewohnten. Die Organisationsstruktur eines schlanken Betriebes ist unter anderem durch eine flache Hierarchie mit deutlich weniger Stufen gekennzeichnet. Vorankommen äußert sich weniger in Titeln und Weisungsbefugnis als vielmehr in Qualifikationen, Umfang des Aufgabenbereiches und dem Gehalt. Flache Hierarchien werden nicht nur durch weniger Personal (Streichen von Ebenen oder geringere Personalstärke) erreicht, sondern auch durch Integration der Führungskraft in die Gruppe. Aus dem Vorgesetzten und Gruppenleiter wird eher ein Gruppenführer, der als "primus inter pares" agiert, Kompetenzen an Gruppenmitglieder delegiert, sich jedoch die letzte

Entscheidung (und Verantwortung) vorbehält. Er ist Mitglied der Gruppe und nicht Vorgesetzter auf einer anderen Stufe. Besonders geeignet sind hierfür Techniken des Projektmanagements, die ursprünglich gedacht waren für zeitlich und finanziell begrenzte Aufgaben hoher Komplexität, gekennzeichnet unter anderem durch Gruppenarbeit, interdisziplinäre Zusammenarbeit, einem Höchstmaß an Fachkompetenz gepaart mit gruppensynergetischen Effekten (vgl. K. Kottmann).

"Erforderlich sind Führungsstrukturen, die Kreativität stimulieren und die alle Mitarbeiter verantwortlich in den Leistungsprozeß des Unternehmens integrieren.", so Bernd Pischetsrieder, Mitglied des Vorstandes der BMW AG.

Das Management muß nicht nur führen, sondern in stärkerem Maße als früher koordinieren und kommunikationsfördernd wirken. Vorsicht vor "Durchsetzten": Oftmals entstehen hohe indirekte Kosten oder Verluste durch Durchsetzen von falschen Entscheidungen oder durch Demotivation und Frustration. Teamfähigkeit gewinnt immer mehr an Bedeutung. Das Management sollte bestrebt sein, Bindungen aufzubauen sowie Randbedingungen und eine Atmosphäre zu schaffen, in der optimal gearbeitet werden kann. Ein zu hoher Spezialisierungsgrad birgt dabei die Gefahr des Aneinandervorbeiredens, Spezialisten haben oft nur unzureichende Kenntnisse über tangierte fremde Fachbereiche. Die Entwicklung weist auf ein akzentuiertes Generalistentum mit aufgaben- und fachspezifischen Schwerpunkten hin. Eine bereichsübergreifende Entwicklung beispielsweise wird durch die zunehmende Komplexität der Produkte immer wichtiger. Wer kennt nicht das Beispiel der beiden Eisenbahnteams, die beide für sich hervorragend arbeiteten, die jedoch beim Zusammenschluß der Schienen feststellen mußten, daß die von den beiden Teams gelegten Schienen knapp aneinander vorbeiliefen?

Führungsqualitäten

▸ Offenheit	▸ Fehlertoleranz
▸ Zugänglichkeit	▸ Risikoakzeptanz
▸ Vermittlung von Vertrauen	▸ persönliche Autorität
▸ Verantwortlichkeit	▸ Vorbildfunktion
▸ Ermutigung	▸ Sach-/Fachkompetenz
▸ Initiative	▸ Methodenkompetenz
	▸ Sozialkompetenz

ermöglichen

Leistung Kreativität Initiative

Abbildung 8-2: Führung als Schlüsselfunktion in Lean Production
vgl. H. Mählck / G. Panskus: Herausforderung Lean Production, Düsseldorf 1993

Von fernöstlichen Führungskräften wird oft der Standesdünkel ihrer westlichen Kollegen bemängelt. Die Einstellung, sich - besonders von "Untergebenen" - nicht hineinreden lassen zu wollen, führt immer wieder zur Frustration der Mitarbeiter und durch diese und andere Reibungsverluste zu einer nicht unerheblichen Verschwendung. Auch durch schlechtes Informationsmanagement entstehen Reibungsverluste. Informationen müssen erhältlich sein und weitergegeben werden. Dies gilt sowohl für den Informationsfluß zwischen Management und Mitarbeiter (und umgekehrt) als auch innerhalb des Managements bzw. der Mitarbeiter. Pläne und Strategien müssen für alle

Mitarbeiter transparent sein, damit eine Identifizierung mit dem Ziel, auf das hingearbeitet werden soll, bei entsprechender Motivation einsetzt. Langfristige Pläne über Produktionsplanung und Produktstrategien sind auch den Zulieferbetrieben mitzuteilen. Überflüssige Informationen jedoch sollten zurückgehalten, gefiltert werden, um Verschwendung von Zeit und Kapazitäten zu vermeiden. Kurze Wege sind in allen Managementbereichen außerordentlich wichtig.

FERTIGUNGSPHILOSOPHIE	
traditionell	zukunftsweisend
ARBEITSTEILUNG	
So weitgehend wie möglich	*So gering wie möglich*
- einfache Arbeit mit möglichst niedriger Lohngruppe - geringer Arbeitsinhalt - viele Schnittstellen	- qualifizierte Arbeit mit möglichst hochqualifizierten Mitarbeitern - großer Arbeitsinhalt - wenige Schnittstellen
ARBEITSAUSFÜHRUNG	
- losweise - hintereinander geschaltet - "Bringschuld" / auslastungsorientiert	- bedarfsgerecht - überlappend - "Holschuld" / ablauforientiert
AUSFÜHRUNGSZEIT	
- minimal je Arbeitsgang - maximale Ausbringung je Minute	- minimal je Auftrag - maximale Nutzung je Zeitperiode
MATERIAL- UND INFORMATIONSFLUSS	
- getrennte Betrachtung	- Integration

Abbildung 8-3: Fertigungsphilosophien
Quelle: Hans-Jürgen Warnecke: Die Fraktale Fabrik, Berlin 1992

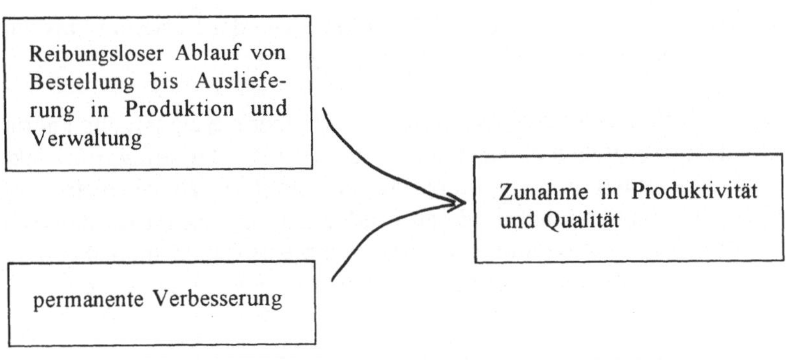

Abbildung 8-4: Reibungsloser Ablauf und permanente Verbesserung führen zu erhöhter Produktivität und Qualität

Die visuelle Kontrolle ist im Produktionsmanagement der Lean Production sehr wichtig. Jeder Mitarbeiter muß leicht erkennen können, ob die Produktion reibungslos und nach Plan abläuft. Auf sogenannten Andon-Tafeln werden Ort und ggf. Art des aufgetretenen Fehlers angezeigt, so daß dieser schnell beseitigt werden kann. Leistungskontrolltafeln (performance analysis boards), am schwarzen Brett oder an der Produktionslinie bzw. Fertigungsstraße angebracht, zeigen den Soll-Ist-Vergleich der Produktion. Das Produktionsmanagement geht in der Lean Production *alle* an, nicht nur die Führungskräfte, sondern alle Mitarbeiter. Top-Führungskräfte betreuen und besetzen in Fernost oftmals zugeordnete Arbeitsplätze in der Produktion, beim Zulieferer oder beim Händler, um Fortschritte mit eigenen Augen zu sehen, um darauf aufzubauen und zu handeln - und um den Bezug zur Praxis nicht zu verlieren. Nur durch Gewährleistung eines starken Bezuges zur Praxis können Qualität und Produktivität, Effizienz und Flexibilität gewährleistet werden. Dazu gehört die Optimierung *aller* Vorgänge wie auch beispielsweise die Verkürzung der Zeit zwischen

Bestellung und Auslieferung. Die Abfolge von der Bestellung bis zur Auslieferung muß *ein* reibungsloser Fluß sein.

Moderne Produktionssysteme reichen weit über die eigentliche Fabrik hinaus und beziehen alle Bereiche wie Vertrieb, Marketing, Entwicklung, Konstruktion, Verwaltung etc. ein. Es darf dabei jedoch nicht übersehen werden, daß die Lean Production ein System ist, das sich kontinuierlich weiterentwickelt und weiterentwickeln muß. Es muß laufend veränderten Gegebenheiten angepaßt werden, ohne hierbei jedoch seine fundamentalen Prinzipien aufzugeben.

Die Mitarbeiter

"Wir müssen uns darüber im klaren sein, daß wir es bei den Menschen mit Individuen zu tun haben, die sich einer "Formalisierung" - schon der Begriff ist in diesem Zusammenhang haarsträubend - beharrlich entziehen. Zum Glück."

Hans-Jürgen Warnecke

Abbildung 8-5: Einflußgrößen auf den Mitarbeiter

Der Mensch, der Mitarbeiter, ist der Maßstab der Lean Production (oder sollte es zumindest sein), er steht im Mittelpunkt des Produktionsgeschehens, er ist das wichtigste Unternehmenskapital. Ansätze, die nur auf Kosten- und Gewinnpolitik beruhen und dabei den Menschen außer acht lassen, sind von vornherein zum Scheitern verurteilt, auch wenn dieses Scheitern recht langfristig angelegt sein kann. Der größte Unterschied zwischen der Lean Production und der herkömmlichen Massenproduktion ist die große Menge an Verantwortung und Entscheidungskompetenz, die der Vorgesetzte an seine Mitarbeiter abtritt, und die daraus resultierende Motivation und Verpflichtung gegenüber seinem jeweiligen Arbeitsplatz.

Durch die klassische hohe Arbeitsteilung in der Massenproduktion ergeben sich hohe Reibungs- und Zeitverluste, und niemand fühlt sich für auftretende Fehler so richtig verantwortlich. Mitarbeiter sind schnell anlern- und austauschbar. Die Lean Production kann hingegen auch im Personalbereich als Symbiose zwischen den positiven Aspekten des Handwerks und der Massenproduktion betrachtet werden, gepaart mit überlegenem Management. Dies wird auch durch die vielzitierte MIT-Studie von Womack, Jones und Roos belegt:

Qualifiziertes Personal + hochflexible Fertigung
= effiziente Fertigung

Dabei werden gerade in Fernost überzählige Mitarbeiter nicht einfach entlassen, sondern dort eingesetzt, wo sie gebraucht werden. In Japan besitzt jeder Mitarbeiter, zumindest in Großunternehmen, eine lebenslange Beschäftigungsgarantie, die keine Furcht vor Umstrukturierungs- und Rationalisierungsmaßnahmen aufkommen läßt. Es ist auch zu beachten, daß Personaleinsparungen pro Gruppe oder Bereich *ganzzahlig* sein müssen. Wenn in 100 völlig verschiedenen Abteilungen jeweils 0,1 Arbeitskräfte eingespart werden können, so ergibt dies nicht die Einsparung von 10 Mitarbeitern, sondern von Null. Alles andere ist statistische Augenwischerei.

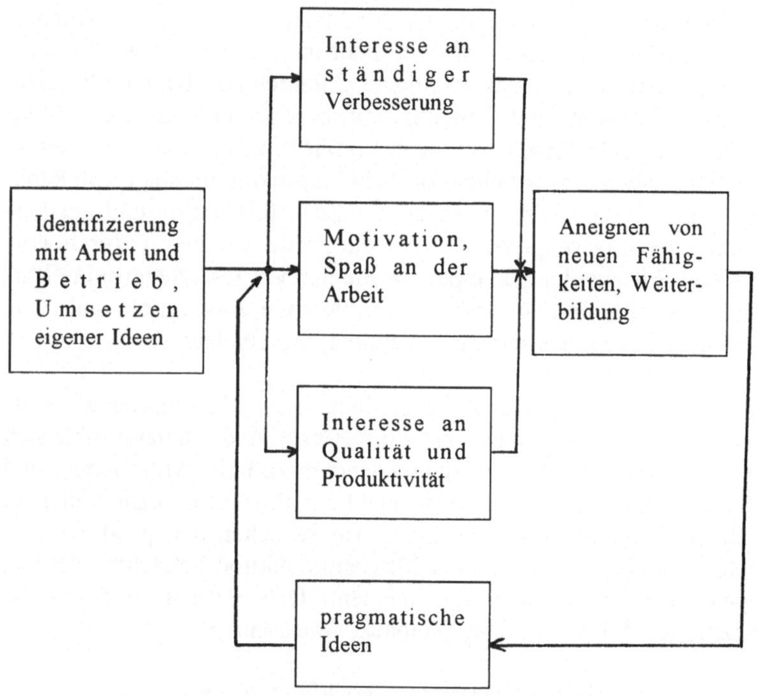

Abbildung 8-6: Positive Motivations-Rückkopplung (vereinfacht)

Besonders für die Zukunft ist sehr wichtig, daß *alle* Mitarbeiter beginnen, unternehmerisch zu denken. Die Mitarbeiter sind nicht mehr nur Ausführende irgendwelcher einfacher, stellenweise stupider Tätigkeiten, sondern werden beispielsweise zu qualifizierten Anlagenführern. Sie steuern und beherrschen Prozesse, statt diese nur auszuführen. Der einzelne Mitarbeiter soll sein persönliches Potential voll einbringen können, ohne Beschränkungen durch die betriebliche Organisation, Hierarchie oder einengende Stellenbeschreibungen.

Die Lean Production führt zu Verbesserungen für den Betrieb *und* die Mitarbeiter. Diese werden nach Fähigkeiten und Neigungen gefordert, nicht überfordert. An die Stelle des stupiden Abarbeitens treten Mitdenken und Kreativität. Die Mitarbeiter können ihren Arbeitsalltag mitgestalten und sollen Befriedigung durch ihre Arbeit erfahren, was sich wiederum kreativitätsfördernd auswirkt. In den Mitarbeitern schlummert ein großes Kreativitäts- und Ideenpotential, ein unschätzbares Firmenkapital! *Jeder* kann Probleme angehen und lösen. In Betrieben, in denen die Lean Production richtig verstanden und angewendet wird, gibt es kein "burning out", bei dem große Energien in Veränderungen gesteckt und die durch den eigenen Betrieb abgeblockt werden oder im Sande verlaufen. Dies führt nur zu Frustration und Resignation. In so manchen Betrieben haben viele Mitarbeiter bereits innerlich gekündigt und befassen sich mit unnötigen, nicht wertschöpfenden Tätigkeiten (Alibitätigkeiten).

Die Lean Production ist jedoch kein betriebliches Allheilmittel, vor übertriebener Euphorie sei hier ausdrücklich gewarnt. Der Betrieb bleibt eine Arbeitsstätte mit entsprechenden Problemen und wird auch durch die Einführung von Gruppenarbeit nicht zu einer "schlanken Insel der Seligen". Durch Aspekte wie Gruppenarbeit treten jedoch deutliche wirtschaftliche und soziale Verbesserungen ein. So ist die Gruppenarbeit unter anderem durch ein hohes Maß an Selbstorganisation gekennzeichnet, die Gruppenmitglieder übernehmen die volle Verantwortung für ihr Arbeitsergebnis im Hinblick auf Menge, Qualität, Termine, Kosten etc. Die externe Kontrolle und die damit verbundene Nacharbeit werden durch eine gruppeninterne Qualitätskontrolle ersetzt. Arbeitsvorbereitung und klassische Sekundärfunktionen wie Wartungs- und einfache Instandsetzungsarbeiten an den Maschinen werden in den Arbeitsumfang der Gruppe integriert. Es ist anzustreben, daß jedes Gruppenmitglied durch eine erweiterte Fachkompetenz alle anfallenden Aufgaben und Arbeiten ausführen kann. Dazu sind umfangreiche Schulungsmaßnahmen notwendig, die sich für den Betrieb jedoch bezahlt machen.

Gleichzeitig sollte darauf geachtet werden, daß die Gehälter in Beziehung zur einzelnen Gruppe und ihrer Leistungen stehen. Nicht die Erfolge und Tätigkeiten des Einzelnen dienen der Gehaltsfindung, sondern die der Gruppe als Ganzes (dabei ist jedoch zu beachten, daß sich gute, hochqualifizierte Mitarbeiter benachteiligt fühlen können). Die Gruppe organisiert ihre Arbeit selbst, die Gruppenmitglieder kennen sowohl die Methoden zur Arbeitsvermeidung als auch ihr tatsächliches Leistungsvermögen sowie ihre Stärken und Schwächen am besten.

Schwächen etc. werden bei Gruppenarbeit mit leistungsorientierter Gruppenentlohnung von den Mitgliedern selbst beseitigt, um bessere Ergebnisse liefern zu können und werden nicht, wie in der Massenproduktion, aus Angst vor schlechter Individualbeurteilung vertuscht. Dasselbe gilt für auftretende Fehler und deren Ursachen. Schuldzuweisungen und Individualschuld haben einem konstruktiven Problemlösungsprozeß zu weichen. Ebenso werden neue Gruppenmitglieder allein schon im Hinblick auf die Leistung der gesamten Gruppe sorgfältig und gründlich eingearbeitet. Innerhalb der Gruppe muß ein Vertrauensverhältnis aufgebaut werden. Gruppenmotivation, Gruppensolidarität und Gruppenzwang führen zu höherwertiger Arbeit.

Durch die Ausführung verschiedener Tätigkeiten innerhalb der Gruppe wird zudem ein objektorientiertes Denken gefördert, das dem bisherigen funktionsorientierten weit überlegen ist. Regelmäßige Besprechungen der Gruppe zu Verbesserungsmöglichkeiten und Steigerung der Effizienz sind sinnvoll und werden zu einem natürlichen Interesse der Mitarbeiter. Je effizienter, produktiver und wirtschaftlicher die Gruppe arbeitet, desto mehr profitiert sie davon (Entlohnung, Kompetenz, Erfolg, ...). Dies darf jedoch nicht zu einem "noch mehr um jeden Preis" führen. Die Arbeit muß Spaß machen und zu innerer Befriedigung führen, sonst verschleißt sie den einzelnen Mitarbeiter viel zu sehr, und der daraus entstehende Schaden für Mensch und Betrieb sind größer als der zu erwartende Nutzen.

Das Gruppenarbeitsmodell ist, wie fast alles in der Lean Production, nicht nur in der Produktion, sondern universell einsetzbar, so auch in Planung, Entwicklung, Verwaltung etc. Von den Führungskräften werden dabei Sozialkompetenz, Überzeugungskraft und menschliche Qualitäten gefordert.

Kostensenkung

Für Kostensenkung gibt es kein Patentrezept. Nur durch Phantasie und kreative Ideen können spezifische Maßnahmen gefunden und umgesetzt werden. Dabei ist zwischen reiner Produktivitätssteigerung (bei gleichzeitiger Zunahme von Verschwendung und Kosten) und echter Kostensenkung sorgfältig zu unterscheiden. Ebenso wird die Arbeitskräftereduzierung oftmals falsch verstanden. In Japan herrscht, wie bereits erwähnt, in vielen Betrieben eine lebenslange Beschäftigungsgarantie, eine Arbeitskräftereduzierung wird nicht durch Entlassungen, sondern durch Umorganisierung erreicht. Wer soll denn die extrem effizient gefertigten Produkte ohne Arbeitsplatz und geregeltes Einkommen kaufen? Kostensenkung muß sinnvoll sein und darf nicht auf Kosten der Mitarbeiter gehen. Ebensowenig darf an so wichtigen Stellen wie Forschung und Entwicklung, Verfahrensentwicklung, Marketing etc. übertrieben gespart werden. Diese Bereiche sind als lebensnotwendige Investitionen in die Zukunft zu betrachten, sie sichern das Überleben in künftigen Zeiten und Märkten.

Das alte "cost-plus"-Verfahren, nach dem Eigenkosten und Mindestgewinn als Konstanten betrachtet wurden, die zu einem davon abhängigen Verkaufspreis führten, ist überholt. Das auch bei Toyota überaus erfolgreich eingeführte "cost-reduction"-Verfahren betrachtet die jeweiligen aktuellen Marktbedingungen als Grundlagen, die zu einem vernünftigen und zumutbaren Verkaufspreis führen. Ausgehend von diesem Verkaufspreis werden Eigenkosten und Gewinnspannen als variabel betrachtet, abhängig vom Potential zur Kostensenkung. Die

Gewinnspanne kann dabei in schlechten Zeiten sehr klein werden, ein adaptiver Verkaufspreis sichert jedoch das Bestehen am Markt.

Verbesserungen im Arbeitsablauf

⇓

Umstrukturierung im Kleinen

⇓

Automatisierung

⇓

Umstrukturierung im Großen

Abbildung 8-7: Ablauf von Kostensenkungsmaßnahmen (vereinfacht)

Weitere Betrachtungen

Insellösungen, wie sie in machen Betrieben verbreitet sind, fehlen in der Lean Production fast vollständig, da sie einem durchgehenden Fluß der Produktionsabläufe entgegenstehen und zu Reibungsverlusten sowie dem Ausbleiben der wichtigen Synergieeffekte führen können. Zwischen den einzelnen Funktionen gibt es vielmehr bereichsübergreifende Zonen, die den angrenzenden Bereichen gleichermaßen zugeordnet sind.

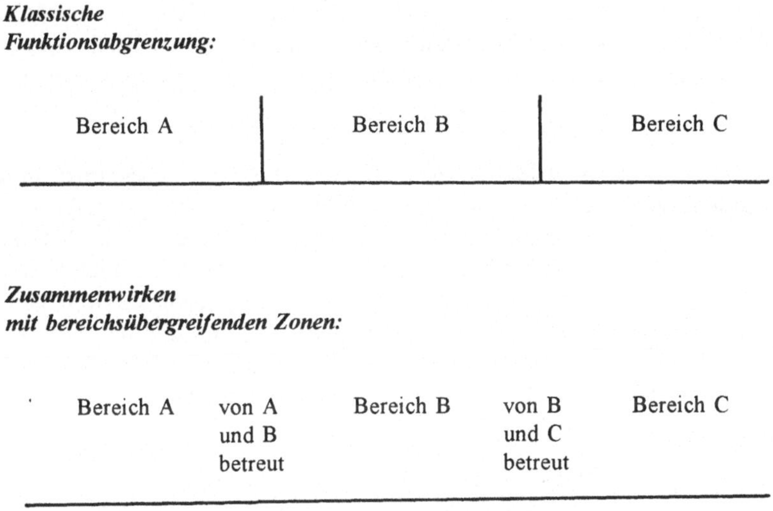

Klassische Funktionsabgrenzung:

Bereich A	Bereich B	Bereich C

Zusammenwirken mit bereichsübergreifenden Zonen:

Bereich A	von A und B betreut	Bereich B	von B und C betreut	Bereich C

Abbildung 8-8: Modell mit bereichsübergreifenden Zonen

Bei diesen bereichsübergreifenden Zonen ("Grauzonen") ist jegliches Kompetenzgerangel (das es in der Lean Production ohnehin nicht geben sollte) zu vermeiden, sie sind vielmehr als Zonen zu betrachten, in denen die einzelnen Bereiche an ihren Schnittstellen füreinander einspringen.

Dies gilt für den einzelnen Arbeiter am Fließband genauso wie für ganze Abteilungen. Erleichtert werden solche Konzepte durch die bereits erwähnte visuelle Kontrolle (Management by sight), die ein einfaches und schnelles Erfassen der jeweiligen Situation ermöglicht. So werden Analoginstrumente beispielsweise so ausgesucht, daß der Zeiger senkrecht nach oben weist, wenn der optimale Wert erreicht ist (Stellung "12 Uhr"); der akzeptable Toleranzbereich liegt in einer

Stellung zwischen "11 Uhr" und "1 Uhr". Ohne Ablesen des tatsächlichen Wertes auf der Skala kann bereits auf den ersten Blick festgestellt werden, ob der jeweilige Wert optimal oder zumindest akzeptabel ist.

Auch das Fertigungslayout, also die Anordnung der Maschinen und Produktionsmittel, muß auf das Produkt sowie dessen Produktionsprozeß und Produktionsfluß ausgerichtet und optimiert sein. Qualität muß bereits im Arbeitsvorgang vorhanden sein ("building quality into the process"), Fertigungskapazitäten und Fertigungscharakteristiken sind aufeinander abzustimmen. Unterstützt wird dies durch die für die Lean Production signifikante hochflexible Fertigung mit ihren kurzen Umrüstzeiten sowie durch fähige, motivierte Mitarbeiter.

9 Ausblicke und Auswirkungen - abschließende Worte

"Alles fließt, alles ist im Wandel."
Heraklit

Neue Umstände und Gegebenheiten erfordern neue Reaktionen. Sind durch Verbesserungen oder sich ändernde äußere Umstände neue Situationen geschaffen worden, so müssen neue, entsprechende Maßnahmen zur Verbesserung und Anpassung ergriffen werden. Jeder Betrieb muß dabei eigene, spezifische Lösungen erarbeiten, da in jedem Betrieb andere innere und äußere Gegebenheiten herrschen. Bei der Modifizierung eines bestehenden oder der Einführung eines neuen Produktions- oder Verwaltungssystems sollte nichts überstürzt, sondern überlegt vorgegangen werden. Das wenigste aus der Lean Production kann von jedem Betrieb 1:1 übernommen werden. Einer der wohl wichtigsten Punkte ist, den Mitarbeitern die Ängste vor der neuen Methode zu nehmen. In der Lean Production wird niemandem mehr zugemutet, als er oder sie leisten kann. Die einzelnen Aufgaben werden jedoch interessanter und vielseitiger und, letztendlich, herausfordernder und befriedigender sein.

Mitarbeiter reihenweise zu entlassen macht unglaubwürdig. Sozial verträgliche und gesellschaftlich vertretbare Maßnahmen sind gefragt, um einen aus dem Ruder gelaufenen Betrieb wieder auf Kurs zu bringen. Diese Maßnahmen hängen sehr spezifisch vom jeweiligen Betrieb ab. Firmen, die unter dem Argument "schlanker" zu werden die gesamte Entwicklungsabteilung entlassen, haben die Grundgedanken der Lean Production nicht verstanden. Lean Production ist mehr als reihenweise Mitarbeiter zu entlassen, den Zulieferer zu knebeln und das Lager auf die Straße zu verlegen. Falls ein Ansatz derartige

Blüten treibt, muß dieser Ansatz selbst an der Wurzel ausgerottet werden.

Bei Führungskräften wird künftig zunehmend persönliche Stärke gefragt sein, Stärke, die auch in Krisensituationen und in der Alltagshektik Ruhe ausstrahlen und einen kühlen Kopf bewahren. Sozialkompetenz wird ein immer wichtigeres Kriterium für Führungskräfte, ebenso Motivationstechniken und die Fähigkeit, zuhören zu können und ein offenes Ohr für neue Ideen zu haben. Aus den ehemaligen Untergebenen werden mündige Mitarbeiter, die zwar dienstliche Anweisungen befolgen, die sich jedoch - zu Recht - durch simple Befehle deklassiert fühlen. Von den Führungskräften auch im mittleren und unteren Management wird aktives, zukunftsweisendes Denken gefordert. Kurzfristige Anweisungen weichen längerfristigen strategischen Ansätzen.

Techniken des Projektmanagements und Denken in Systemen werden weiter an Bedeutung gewinnen, ebenso die Fähigkeit, diese Systeme zu strukturieren. Dabei darf jedoch nicht außer acht gelassen werden, daß sich viele Systeme nur grob und unscharf strukturieren lassen. Prozeß- und flußorientiertes Denken muß gefördert werden, in allem muß ein natürlicher Fluß vorherrschen. Interdisziplinäres Denken und Handeln ist gefragt, kaufmännisches und technisches Denken sind endlich zu vereinen.

Dies alles setzt eine Bewußtseinsänderung gleichermaßen bei Management und Mitarbeitern voraus. Die Kommunikationsfähigkeit des Einzelnen als auch von gesamten Unternehmensbereichen muß kultiviert werden.

Lean Production ist für alle Länder und Kulturkreise gleichermaßen geeignet, wie die Erfolge japanischer Unternehmen in nichtjapanischen Ländern mit der dortigen Belegschaft zeigen. Das System ist den lokalen Gegebenheiten und Werten anzupassen. Gleichfalls muß es sich in Abhängigkeit der sich veränderten Gegebenheiten und Anforderungen immer weiterentwickeln. Vor blinder Euphorie muß allerdings gewarnt werden: Die Lean Production ist lediglich *ein* Weg, Güter, Dienstleistungen und Verwaltungsarbeiten kostengünstig, schnell und für alle Betroffenen befriedigend herzustellen bzw. zu bewerkstelligen. Dies ist sicherlich auch anders möglich. Vieles von dem in diesem Buch gesagten mag für den einen oder anderen "Realisten" zu utopisch oder träumerisch erscheinen. Gerade dann ist es erst recht an der Zeit, Arbeitsmethoden und Arbeitssysteme, die den Menschen zum Mittelpunkt haben, endlich in die Tat umzusetzen. Dabei muß das wichtigste Werkzeug der Lean Production zum Einsatz kommen: der gesunde Menschenverstand.

"Unsere Schlußfolgerung ist einfach: Schlanke Produktion ist ein überlegener Weg für Menschen, Güter herzustellen. Sie bringt bessere Produkte in größerer Vielfalt zu niedrigeren Kosten hervor. Von gleicher Bedeutung ist, daß sie die Arbeit für Mitarbeiter jeder Ebene, von der Fabrik bis zur Konzernzentrale, anspruchsvoller und befriedigender macht."

James P. Womack, Daniel T. Jones, Daniel Roos

"Der Fortschritt ist nur eine Verwirklichung von Utopien."

Oscar Wilde

Literaturhinweise

Akao, Y.: QFD Quality Function Deployment. Wie die Japaner Kundenwünsche in Qualitätsprodukte umsetzen.
Verlag Moderne Industrie, Landsberg am Lech

Bösenberg, D. / Metzen, H.: Lean Management Vorsprung durch schlanke Konzepte
Verlag Moderne Industrie, Landsberg am Lech

Bullinger, H.-J. (Hrsg.): Innovative Unternehmenstrukturen. Tagungsbericht: IAO-Forum, 24. März 1992
Springer Verlag, Berlin

Bullinger H.-J. (Hrsg.): Personalmanagement. Der Mensch in der schlanken Fabrik
gfmt - Gesellschaft für Management und Technologie, München

Clark, K.B., / Fujimoto, T.: Automobilentwicklung mit System. Strategie, Organisation und Management in Europa, Japan und USA.
Campus, Frankfurt a.M.

Haberfellner, Nagel, Becker, Büchel, von Massow (Herausgeber: Daenzer, W.F. und Huber, F.): Systems Engineering - Methodik und Praxis
Verlag Industrielle Organisation, Zürich

Hans-Böckler-Stiftung/IG Metall (Hrsg.): Lean Production. Kern einer neuen Unternehmenskultur und einer innovativen und sozialen Arbeitsorganisation? Tagungsbericht Januar 1992
Hans-Böckler-Stiftung, Düsseldorf

Harmon, Roy L.: Das Management der Neuen Fabrik. Lean Production in der Praxis
Campus, Frankfurt a.M.

Harmon, R. L. / Peterson, L. D.: Die neue Fabrik. Einfacher, flexibler, produktiver. 100 Fälle erfolgreicher Veränderungen
Campus, Frankfurt a.M.

Heeg, F.-J.: Projektmanagement. Grundlagen der Planung und Steuerung von betrieblichen Problemlöseprozessen
Hanser, München

Imai, Masaaki.: Kaizen. Der Schlüssel zum Erfolg der Japaner im Wettbewerb
Wirtschaftsverlag Langen Müller Herbig
Taschenbuch: Ullstein, Berlin

Jansen, Herbert: Lean Produktion in der mittelständischen Industrie
Springer, Berlin

Kottmann, Karl (Hrsg.): Unternehmensqualität
B.G. Teubner, Stuttgart

Musashi, Miyamoto: Das Buch der fünf Ringe
Knaur, München

Nitobé, Inazo: Bushidô, Die innere Kraft der Samurai
Ansata-Verlag, Interlaken

Ohno, Taiichi: Das Toyota-Produktionssystem
Campus, Frankfurt a.M.

Pfeiffer,W. / Weiß, E.: Lean Management. Grundlagen der Führung und Organisation industrieller Unternehmen
E. Schmidt, Berlin

Schmidt, W.: Verantwortung übernehmen im Betrieb. Entwicklung und Förderung von verantwortungsbewußtem Führungsverhalten
Sauer, Heidelberg

Shingo, S.: Das Erfolgsgeheimnis der Toyota-Produktion. Eine Studie über das Toyota-Produktionssystem - genannt die "Schlanke Produktion"
Verlag Moderne Industrie, Landsberg am Lech

Stürzl, Wolfgang: Lean Production in der Praxis. Spitzenleistungen durch Gruppenarbeit
Junfermann Verlag, Paderborn

Sun Tsu: Wahrhaft siegt, wer nicht kämpft: Die Kunst der richtigen Strategie
Verlag Hermann Bauer, Freiburg i.B.

Suzaki, K.: Modernes Management im Produktionsbetrieb. Strategien, Techniken, Fallbeispiele
Hanser, München

Tateisi, K.: Unternehmensevolution. Eine japanische Firmenphilosophie
Econ, Düsseldorf

Warnecke, Hans-Jürgen: Die Fraktale Fabrik
Springer-Verlag, Berlin

Whiteley, Richard C.: Ihr Kunde ist der Boss. Die kundenorientierte Firma
Haufe Verlag, Freiberg i.Br.

Wildemann, H.: Die modulare Fabrik: Kundennahe Produktion durch Fertigungssegmentierung
gfmt - Gesellschaft für Management und Technologie, München

Wildemann, Horst (Hrsg.): Lean Mangement. Strategien zur Erreichung wettbewerbsfähiger Unternehmen
FAZ-Buch, Frankfurt a.M.

Wittig, Klaus-Jürgen: Qualitätsmanagement in der Praxis
B.G. Teubner, Stuttgart

Womack, J.P. / Jones, D.T. / Roos, D.: Die zweite Revolution in der Autoindustrie. Konsequenzen aus der weltweiten Studie des Massachusetts Institute of Technology (MIT)
Campus, Frankfurt a.M.

Zahn, E. u.a.: Lean Strategie. Wege zu mehr Effizienz in Produktentwicklung, Produktion, Service und Vertrieb. Tagungsbericht
gfmt - Gesellschaft für Management und Technologie, München

Stichwortverzeichnis

Bullinger

Einführung in das Technologiemanagement

Modelle, Methoden, Praxisbeispiele

Von Prof. Dr.-Ing. habil. Prof. e. h. Dr. h. c. Hans-Jörg Bullinger, Institut für Arbeitswissenschaft und Technologiemanagement (IAT) der Universität Stuttgart und Fraunhofer-Institut für Arbeitswirtschaft und Organisation (IAO)

unter Mitarbeit von Prof. Dipl.-Ing. Uwe A. Seidel, Fachhochschule Rosenheim

1994. XIII, 329 Seiten mit 141 Bildern und zahlreichen Beispielen. Geb. DM/SFr 62,- ÖS 484,-
ISBN 3-519-06367-0

Aus dem Inhalt

Integrierte Unternehmenskonzepte - Unternehmensverantwortung - Umweltbewußtes Management - Technikbewertung - Strategische Technologieplanung - Markt- und Technologiestrategien - Technologieprofile - Portfolio - Organisationsformen - Führung in Technologieunternehmen - Informationsmanagement - ausgewählte Informations- und Kommunikationstechnologien - Zukunftstendenzen

Bullinger (Hrsg.)

Technikfolgenabschätzung

Von Prof. Dr.-Ing. habil. Prof. e. h. Dr. h. c. Hans-Jörg Bullinger, Institut für Arbeitswissenschaft und Technologiemanagement (IAT) der Universität Stuttgart und Fraunhofer-Institut für Arbeitswirtschaft und Organisation (IAO)

1994. XIII, 501 Seiten mit 114 Bildern.
Geb. DM/SFr 79,- ÖS 616,-
ISBN 3-519-06368-9

Aus dem Inhalt

Grundlagen und Methoden der TA-Geschichte und Institutionalisierung - TA im Spiegel von Wissenschaft, Gesellschaft und Politik - Berichte von TA-Projekten aus den Bereichen Telekommunikation, Energie und Umwelt, Verkehr sowie Raumfahrt

Busch

Elektrotechnik und Elektronik

Grundlagen und Anwendungen für Ingenieure

Von Prof. Dr.-Ing. Rudolf Busch
Universität Gesamthochschule Essen

1994. X, 516 Seiten, 471 Bilder und 132 Übungsaufgaben mit Lösungen.
Geb. DM/SFr 62,-- ÖS 484,-
ISBN 3-519-06346-8

Aus dem Inhalt

Teil A Grundlagen:
Elektrische, magnetische und elektromagnetische Felder -Grundzüge der Feldtheorie - Unverzweigte und verzweigte Gleichstromkreise und deren Berechnung - Berechnung von Stromkreisen bei Wechselstrom - Drehstromtechnik - Schaltvorgänge in elektrischen Stromkreisen - Stromleitmechanismen

Teil B Anwendungen:
Elektronische Bauelemente und deren Schaltungen (Dioden, Transistoren, Thyristoren, Optoelektronische Bauelemente) - Elektronische Digitaltechnik - Mikroprozessoren und Mikrorechner - Elektrische Maschinen - Elektromotorische Antriebe - Elektrische Meßtechnik - Elektrische Energieversorgung - Schutzmaßnahmen in Niederspannungsnetzen

Dankert/Dankert

Technische Mechanik

computerunterstützt

mit 3 1/2"-HD-Diskette

Von Prof. Dr.-Ing. Helga Dankert und
Prof. Dr.-Ing. habil. Jürgen Dankert
Fachhochschule Hamburg

1994. XII, 755 Seiten mit 3 1/2"-HD-Diskette.
Geb. DM/SFr 86,- ÖS 671,-
ISBN 3-519-06523-1

Aus dem Inhalt

Ebene und räumliche Kraftsysteme - Schwerpunkte - Schnittgrößen - Haftung - Seilstatik - Grundlagen der Festigkeitslehre - Zug, Druck - Biegung - Torsion - Querkraftschub - Finite Elemente - Differenzverfahren - Stabilität - Formänderungsarbeit - Kinematik - Kinetik starrer Körper - Stoß - Schwingungen - Systeme mit mehreren Freiheitsgraden - Numerische Integration von Anfangswertproblemen - Prinzipien der Mechanik

Kottmann (Hrsg.)

Unternehmensqualität

Überblick über die Erfolgsfaktoren eines Unternehmens

Herausgegeben von Prof. Karl Kottmann, Fachhochschule für Technik Esslingen

Verfasser:
Dipl.-Wirt.-Ing. (FH) Marc Griggel, J. Eberspächer, Esslingen; Dipl.-Wirt.-Ing. (FH) Volker Grimmeisen, Nemetschek Programmsystem GmbH, München; Dipl.-Wirt.-Ing. (FH) Udo Hänsel, Beck GmbH & Co. KG, Leinfelden-Echterdingen; Dipl.-Wirt.-Ing. (FH) Martin Hummel, Con Moto Unternehmensberatung GmbH, München; Dipl.-Wirt.-Ing. (FH) Stefan Käß, Fachhochschule für Technik Esslingen

1993. X, 282 Seiten mit 85 Bildern.
Geb. DM/SFr 56,- ÖS 437,-
ISBN 3-519-06349-2

Aus dem Inhalt

Unternehmensqualität als Herausforderung - Strategische Unternehmensplanung - DIN ISO 9000-9004 - Auf dem Weg zu Total Quality Management - TQM einmal anders: Time-Quality-Money - Einflußgrößen auf Erfolgsfaktoren - Kostenmanagement mit Prozesskostenrechnung - Entwicklungsqualität - Beschaffungsmanagement - Projektorganisation

Traeger

Einführung in die Fuzzy-Logik

Von Dipl.-Ing. (FH) Dirk H. Traeger
Toplan GmbH, Sindelfingen

2., vollständig überarbeitete und erweiterte Auflage. 1994. VIII, 176 Seiten mit 104 Bildern.
Kart. DM/SFr 32,- ÖS 250,-
ISBN 3-519-16162-1

Aus dem Inhalt

Grundlagen der Fuzzy-Logik - Unscharfe Mengenlehre -Abgrenzung zur Wahrscheinlichkeitstheorie (Stochastik) - Unscharfe Operatoren - Logische Verknüpfungen - Entscheidungsfindung - Fuzzy Control - Fuzzifizierung - Inferenz -Defuzzifizierung - Singletons - Teilschwerpunkte - Anwendungsmöglichkeiten in der Regelungstechnik

Wittig

Qualitätsmanagement in der Praxis

DIN ISO 9000 Lean Production

Total Quality Management

Einführung eines QM-Systems im Unternehmen

Von Dipl.-Ing. Klaus-Jürgen Wittig
Qualitätsförderung Wittig, Brixen, Südtirol

2., überarbeitete und erweitere Auflage.
1994. VI, 146 Seiten.
Geb. DM/SFr 42,- ÖS 328,-
ISBN 3-519-16340-3

Aus dem Inhalt

Warum sind Qualitätsbemühungen notwendig? - Was sind die Schlüsselfaktoren eines Qualitätsmanagement-Systems? Wie ist ein Qualitätsmanagement-System strukturiert? - Wie führt man ein Qualitätsmanagement-System ein? - Welche Aufgaben hat das Management? - Wie sieht die Ablauforganisation aus? - Wie sind die Mitarbeiter zu integrieren? - Wie sind die Prozesse zu verbessern?